高素质农民培训教材

广西特色
小宗果树生产技术

广西农业广播电视学校　组织编写

陈豪军　主　编

U0397119

广西科学技术出版社

图书在版编目（CIP）数据

广西特色小宗果树生产技术 / 陈豪军主编 . —南宁：
广西科学技术出版社，2022.12
ISBN 978-7-5551-1812-1

Ⅰ．①广…　Ⅱ．①陈…　Ⅲ．①果树园艺　Ⅳ．① S66

中国版本图书馆 CIP 数据核字（2022）第 103591 号

Guangxi Tese Xiaozong Guoshu Shengchan Jishu

广西特色小宗果树生产技术

陈豪军　主编

责任编辑：黎志海　韦秋梅　　　　　　装帧设计：梁　良
责任印制：韦文印　　　　　　　　　　责任校对：冯　靖

出 版 人：卢培钊
出版发行：广西科学技术出版社　　　地　　　址：广西南宁市东葛路66号
网　　址：http://www.gxkjs.com　　　邮政编码：530023

经　　销：全国各地新华书店
印　　刷：广西万泰印务有限公司
地　　址：南宁经济技术开发区迎凯路25号　　邮政编码：530031

开　　本：787mm×1092mm　　1/16
字　　数：150千字　　　　　　　　　印　　张：8
版　　次：2022年12月第1版　　　　　印　　次：2022年12月第1次印刷
书　　号：ISBN 978-7-5551-1812-1
定　　价：30.00元

《高素质职业农民培训教材》

编委会

主　　任：李如平

副　主　任：左　明　韦敏克　霍拥军

委　　员：陈　贵　陈豫梅　林衍忠　莫　霜

　　　　　马桂林　梁永伟　黎梦荻　杨秀丽

本　册　主　编：陈豪军

本册副主编（按姓氏笔画排序）：

　　　　　宁　琳　何　江　欧景莉

　　　　　郝小玲　宾振钧　檀业维

目录

第一章　番石榴

一、概述

1. 栽培历史和分布

番石榴（*Psidium guajava* L.）是桃金娘科（Myrtaceae）番石榴属（*Psidium*）常绿灌木或小乔木，原产于美洲秘鲁至墨西哥一带，16～17世纪传播至热带、亚热带地区，如北美洲、大洋洲、太平洋诸岛、北非及新西兰、印度尼西亚、印度、马来西亚、越南等。

番石榴种植面积与产量在全世界水果产业中比重较低，联合国粮食及农业组织把山竹、杧果与番石榴这三类水果归为一大类进行统计。2012年统计结果显示，全世界番石榴收获面积和产量均呈现增长态势。目前，全世界种植番石榴的国家和地区已超过90个，其中主要生产国有印度、中国、泰国、印度尼西亚、菲律宾、巴基斯坦等，总收获面积超过 3×10^5 hm²。从洲的分布看，番石榴生产主要分布在亚洲，占全世界同类水果生产的2/3以上，且总体呈稳步增长的态势，但近两年产量小幅下降。非洲的收获面积与产量则明显增长，占全世界同类水果生产比重亦明显提高。

番石榴基本以产地（国）自销为主，极少进行国际贸易。以印度为例，其2017年统计结果显示，每年仅有0.05%的番石榴用于出口，主要出口目标市场为欧盟国家、美国、沙特阿拉伯、科威特和约旦等。此外，泰国、巴西、孟加拉国、墨西哥和秘鲁也是番石榴的主要出口国。目前，全世界消费番石榴最多的国家是美国，其次是马来西亚和沙特。但番石榴出口价格一直偏低。

番石榴约在17世纪末传入中国，早期以庭院零星种植为主，栽培规模极小。随着栽培技术的进步与品种改良的综合影响，近20年番石榴栽培迅速发展，2014年中国栽培面积为 1.63×10^4 hm²，收获面积为 1.56×10^4 hm²，总产量为 40.9×10^4 t。目前，主要栽培番石榴的省区有海南、台湾、广西、广东、福建、云南等。

广西于20世纪90年代从台湾引种番石榴，至2010年种植面积超过 1.3×10^4 hm²，其中玉林市的栽培面积就有1430 hm²，年产量超过 11.82×10^4 t。一直到 2018 年，广西番石榴种植面积及产量均比较稳定。目前，广西浦北、合浦、玉林等市县将番石榴产业作为重点扶贫产业，栽培面积与产值逐年增加。种植品种主要为珍珠番石榴、西瓜番石榴、红宝石番石榴等。

2. 经济价值

研究发现，番石榴的果实、叶及嫩茎具有良好的降血糖作用，对黄曲霉毒素 B1 所致的大鼠肝癌具有较强的抑制效果。果实、叶、根及提取物可用于治疗糖尿病、痢疾、肠胃炎等疾病，还具有美容养颜、健脾胃等保健功效。嫩叶、芽经煮沸去鞣质后晒干可制茶，常喝能清热解毒，防治肠炎和腹泻，成熟老叶可制作染料。番石榴植株木材材质坚硬，质地细腻致密，具有曲纹理，可作家具用材，也可用于雕刻。番石榴的主要用途早已不局限于鲜果食用，产业整体向综合开发利用的方向发展。在国际水果市场，特别是在饮料市场上，番石榴占有重要的地位，近年来国际市场对番石榴果汁的需求量在加快增长。此外，果汁粉、果脯、果酱、果冻、果糕、果罐头等产品也深受欢迎。

番石榴适应性很强，早结丰产，适宜消费人群广泛，市场容量大，有成为热带地区重要果树的潜力。台湾的栽培面积在 2001 年就已达到 7626 hm^2，总产量超过 18.5×10^4 t，成为台湾重要的果树之一。由于起步晚等原因，目前广西番石榴的研究工作相对滞后，开展了加工番石榴果糕、果汁等产品研究，对番石榴叶进行药理研究开发等，但研究重点还是良种选育、栽培技术和病虫害防治，产业主要集中在种植生产鲜食环节，基本以产地自销为主。

二、主要栽培品种

番石榴约有 150 个种，绝大多数分布于巴西、秘鲁等原产国（地）。市场销售的仅番石榴 1 种。番石榴传入我国有 300 多年的历史，引种的番石榴有 2 种，为番石榴和草莓番石榴（*Psidium littorale* Raddi），其中有经济栽培价值的仅番石榴 1 种。

我国番石榴种质资源丰富，位于广西南宁的农业农村部南宁番石榴种质资源圃就保存有种质资源 98 份，包括全红番石榴、迷你番石榴、胭脂红番石榴等地方品种，以及木瓜番石榴、水晶番石榴、红宝石番石榴等选育品种及遗传材料。目前，广西主要种植的番石榴品种有珍珠番石榴、西瓜番石榴、红宝石番石榴等。

1. 珍珠番石榴

珍珠番石榴原产于台湾，是目前大多数番石榴种植地区的主栽品种。植株长势旺，树形呈半直立状。果实较大，通常在 300 g 以上；果皮淡绿色，成熟后变为黄绿色；果肉呈白色或淡黄色，肉质脆爽，可溶性固形物含量高，种子数量中等。总糖含量为 7.1 g/100 g，维生素 C 含量为 113 mg/100 g，可滴定酸含量为 0.34 g/100 g，膳食纤维含量为 1.6%。四季均可结果，产量高，较耐寒，旱地、水田均可种植，是市面上销售的鲜果主要品种。

珍珠番石榴

2. 西瓜番石榴

西瓜番石榴原产于台湾，是除珍珠番石榴外主栽的红心番石榴品种。植株树形呈半直立状，长势旺。一般单果重 200 ～ 300 g，果皮成熟时呈淡绿色；果肉呈粉红色或红色，肉质脆爽，可溶性固形物含量在 8% 以上；种子数量中等，硬度中等。总糖含量为 7.1 g/100 g，维生素 C 含量为 91.5 mg/100 g，可滴定酸含量为 0.22 g/100 g，膳食纤维含量为 1.6%。产量较高，一年可结果 3 次，耐旱、耐寒性较强，是市面上销售的红肉番石榴主要品种。

西瓜番石榴

3. 红宝石番石榴

红宝石番石榴原产于台湾，是红心番石榴选育出的少籽品种。植株叶片宽大肥厚；果实扁圆形，成熟后果皮呈青色，平均单果重 250 g。总糖含量为 7.8 g/100 g，维生素 C 含量为 107 mg/100 g，可滴定酸含量为 0.44 g/100 g，膳食纤维含量为 1.5%。果肉红色，肉质脆爽，种子数量通常仅十几粒，是目前市面上非常受欢迎的品种。

红宝石番石榴

4. 帝王番石榴

帝王番石榴原产于台湾，目前在马来西亚、老挝等东南亚国家均有规模化种植，是广西较新引进的品种。树姿开张，主干光滑；嫩梢红色，老熟枝条黄褐色，枝条稀疏，年抽生新梢 4 次；叶片长椭圆形，嫩叶黄绿色，成熟叶绿色，叶柄长约 1.1 cm，叶尖渐尖，叶基圆楔形，叶面平滑；花单生；果卵圆形，较大，平均单果重可达 600 g。果皮黄绿色，果面光滑，果肉白色，肉质脆爽。果实外观好，有香气，风味清甜，汁多，果实品质好，是目前最具推广潜力的品种之一。

帝王番石榴

三、生物学特性

1. 植物学特征

番石榴植株生长强健，树形直立，顶端优势极强。枝条皮层薄，富含单宁。嫩枝四棱形，老枝变圆。叶片较厚，单叶对生，披针形、梭形或长椭圆形，少量品种的叶片近圆形或椭圆形，成熟叶片多为绿色或深绿色，嫩叶为淡绿色；少量品种的叶片会有紫红色、红色等其他颜色。根系发达，须根多。花单生或 2～3 朵聚生于叶腋，花瓣多为白色，花蕊多为淡黄色，极少数品种会有粉色或红色花瓣，花朵大小均匀。自花能孕，坐果率高达 90% 以上，四季开花结果，花期通常较短。果实多为卵圆形或长椭圆形，果皮多为黄绿色，果面质地有平滑、有棱、稍粗糙、粗糙、极粗糙等不同类型，果肉有白色、淡黄色、粉红色等多种颜色，质地分嫩滑、酥松、酥脆 3 种。种子为不规则形，数量多而个体小，多为淡黄色、黄色。

2. 生长结果特性

番石榴根系发达，侧根、小根多而密，吸收力较强。枝梢每年 2 月开始萌芽，只要管理得当，每年可抽梢 3～4 次。通常 3～4 月进入春梢期，6 月进入夏梢期，9 月进入秋梢期；如中途修剪得当，亦会不定期抽新梢。枝梢以夏梢生长最快。进入 12 月以后，由于气温下降，枝梢基本停止抽梢生长。番石榴虽有顶芽自枯的现象，但其枝梢延伸生长的能力强，应及时摘心、短截，以促进枝梢老熟、加粗生长和抽发新梢。番石榴的花芽为混合花芽，即抽生新梢并在其上开花结果，故只要新梢抽发，就有可能成为结果枝。结果枝除着生于上一次老熟的枝梢外，也着生于 2～3 年生枝，且在这些枝上抽发的新梢结果性能好，因此要特别注意对这些结果母枝进行培养。对未着花的新梢留 30 cm 长进行摘心，可使其粗壮，成为结果母枝。

番石榴花蕾大都着生于当年新梢或老熟枝条萌发的新梢第 2～4 对叶上，3～11 月均为开花期，尤以 3～4 月和 6～7 月最集中，前者一般称为正造花，该花期后可采收的果实称为正造果；后者称为反造花，该花期后可采收的果实称为反造果。花朵多为夜间开放，早上 9：00～10：00 谢花，自花孕果能力极强，自开花至小果约历时 20 天。极少发生生理性落果现象。当小果开始转蒂即幼果下垂时，则进入果实膨大期，此时应注意养分调控。小果发育至成熟，正造果需 60～70 天，反造果需 80～120 天。果实采收期较长，正造果通常 7 月开始采收至 9 月上旬结束，反造果 11 月中下旬开始采收至翌年 1 月结束。

四、对环境条件的要求

1. 温度

番石榴适宜的生长温度为 25～35℃，28℃为生长发育的最适温度，温度低于 12℃或高于 38℃植株将停止抽梢。番石榴较耐高温，但持续高温干旱对开花、结果和生长均不利，温度超过 40℃果实会被灼伤。5～7℃时幼树上部的枝梢会出现冻害，叶色变为紫红色，出现成熟叶片褐化现象，新抽梢嫩叶及嫩芽也会褐化或死亡。但其恢复力较强，当温度大于 15℃时开始恢复生长，自树干及基部或地下部分萌发新梢。当低温达到 –1℃时幼树会被冻死，当温度低于 –5℃时成年树会被冻伤，大枝或整株被冻死。因此，番石榴适宜在我国南亚热带年极端低温为 0℃以上的地区种植，以最冷月月平均气温 8℃以上的地区为适宜栽培区，以最冷月月平均气温大于 10℃的地区为最适宜栽培区。

2. 湿度

番石榴既耐旱又耐涝，年降水量为 1000～2000 mm 的热带、亚热带地区均可种植。但花期严重干旱会导致落花，挂果期水分过多会导致裂果、风味淡，长期干旱则导致果实生长发育不良，因此要注意各个生长期的灌溉与排水。

3. 光照

番石榴喜光又耐阴，在热带阳光充足的地区种植不宜使树形太开张，以免被灼伤。光照充足与否对产量影响不大，但对果实品质有影响，光照充足果实品相优良、品质佳。因此，番石榴不宜与其他果树套种，以免造成光照不足。

4. 土壤

番石榴对土壤肥力与土壤类型要求不严，pH 值 4.5～8.2 的沙质土、黏质土、瘠石土等均可种植，不忌盐碱，但以 pH 值 5.5～6.5 为好。过于肥沃的园地反而易造成枝梢徒长，不易保果。

五、种苗繁育

1. 嫁接育苗

番石榴嫁接繁殖在 4～11 月均可进行，以 7～10 月为佳，此时气温适宜接穗生长，但砧木和接穗的削面渗出的单宁在空气中极易被氧化而褐变，会严重影响砧穗的结合，因此要迅速地削一穗接一穗，且要用嫁接薄膜进行全封闭包扎，防止雨水渗入，减少削面与空气的接触并保湿。注意嫁接后的水肥管理，防止积水或过干，待接穗抽梢、叶片老熟后即可施肥，施肥量应由少至多。接穗取自当年老熟新梢，最好进行摘心处理，选枝条生长健壮、芽眼饱满、无病虫害的优质母枝作接穗。嫁接方法通常使用切接法和靠接法。

（1）切接法。砧木在离地面10～15 cm处剪断，削平剪口，选择砧木平滑的一面，削去角边，然后自上而下垂直切一个2～3 cm长的切口；接穗选择母株上部具有饱满芽的枝节，在其芽下端平直部位沿形成层或稍带木质部垂直下削一个平直光滑的削面，长2～3 cm；然后反转枝条，使平直面向上，下刀深达形成层或稍入木质部平切1刀，切出1个比砧木切口稍长、30°～45°的斜面，接穗上留2个芽。将削好的接穗插入砧木切口，接穗的长切面向内，使接穗与砧木形成层对准；如砧木与接穗大小不一，应保证有一侧形成层对准，然后用薄膜自下而上将砧穗呈覆瓦状全封闭扎紧，芽眼部位只用一层薄膜绑扎，以利新芽顶破薄膜。此法宜在秋季嫁接，接穗选择要求严格，削面平滑，成活率比靠接法低，但繁殖速度快。

（2）靠接法。培育枝条匍匐近地面生长的母树，然后将事先用营养袋培养的砧木搬到母树底下进行拉枝靠接，若母树较高可用砖块或塔架托起砧木。选择与母枝同样粗细的砧木苗，在接穗和砧木靠近部位用嫁接刀各削长5～7 cm的切面，注意选好靠接方向，削面应平滑，一刀而成；然后将砧木削面和接穗削面对齐，再用较厚的塑料薄膜绷带缚扎；剪掉砧木上端部分；待完全愈合后才将接穗自接合部上面剪掉，使其成为一株嫁接苗。此法春、夏、秋季均可采用，伤口愈合快，成活率高，但繁殖速度较慢。

2. 扦插育苗

番石榴扦插育苗在4～11月均可进行，最佳时期为6～10月。插穗选择成年树中上部健壮、半木质化、无病虫害的枝条，枝条直径为0.8～1.0 cm，每段长15 cm左右，基部削成平滑的三棱形，保留3对叶片，每片叶剪去1/2。插穗在使用前用多菌灵、代森锰锌溶液浸泡25～30分钟，扦插基质也要用多菌灵溶液杀菌消毒。将插穗斜插于培养基质中，深3～5 cm。扦插后注意控制温室的温度、湿度和光照，避免插穗干枯。待扦插芽穗生根后移出温室，放在遮阳棚内缓苗7～10天。插条抽出新芽后即可移出置于露地苗床中，直至根部变黄褐色并趋于黑色（表明已接近木质化程度）、苗木高至50 cm以上时即可出圃。若扦插时将插穗下端切口用复合生根剂或生根类激素处理3～5秒，发根效果更好。

3. 空中压条育苗

空中压条也称圈枝育苗，选取直径1 cm左右的枝条，摘掉果实，在枝条顶端往下 50 ～ 60 cm 处用刀环剥皮层，宽 3 ～ 5 cm，注意刮净形成层；将塑料薄膜包裹的生根介质如吲哚丁酸或生根粉混合在泥土、菌渣或腐熟牛粪中，包敷于环剥处，做成一个椭圆形的土球，包扎严密。60 ～ 90 天后土球内新根密集即可锯下进行假植，待发 2 次新梢并转绿后即可种植。

4. 实生繁殖

番石榴实生繁殖由于变异性强，通常仅在繁育砧木苗时使用。供实生育苗用的种子应来自丰产优质母株树及充分成熟的果实，果实采收后让其自然腐烂，而后取出种子洗净，浮去不实粒，晾干即可播种，即采即播。番石榴种子个体小，通常采取苗床直接播种。苗床应碎土细小、平整，盖上细土或沙后均匀撒播，然后再覆盖细土。播后视天气情况淋水，保持苗床湿润即可。通常播后 1 个月左右即可发芽，待长至 2 ～ 3 对真叶时可移植于营养袋中。移植后仍需注意保持培养基质湿润，苗高 10 cm 左右时可适当施肥，每月 1 次。苗高 40 cm 以上可供嫁接或定植。

六、果园建设

1. 园址选择

番石榴在温度低于 12℃或高于 38℃时植株将停止抽梢，温度超过 40℃果实常会被灼伤，低于 0℃时会出现冻害，因此番石榴果园选址应考虑年极端低温 0℃以上的地区。番石榴喜光忌阴，园区选址要注意避风向阳，选择土壤肥沃、水源丰富、浇灌方便的土地，平地、山坡均可。

2. 园区开垦与定植

园区开垦在定植前半年进行，主要是将规划园区内的杂草、树木、石头等有碍耕作的杂物清理干净，而后翻耕、平整土地。规划好主干道、支干道和田间道路，建好园区蓄水、灌溉、排水设施，最好安装适宜的自动喷灌设备，给番石榴生长创造良好的灌溉条件。

园区开垦及围园、安装园区大门等基础设施建设完善后即可定标和挖穴。番石榴春、夏、秋季均可种植，但以春季种植为佳，此时温度适宜，光照不强烈，雨水多，成活率较高，且定植生长期较长，养分积累较多，有利于越冬。种植密度依品种、土质、栽培管理方法不同而定，一般株行距为 2 m×2.5 m、2 m×3 m、3 m×3.5 m 或 3 m×4 m，种植密度为 110 ～ 120 株 / 亩 *。平地建园

注：* 亩为常用非法定计量单位，1 亩 ≈ 667m²。

应挖好排灌水沟，坡地修筑等高梯台。垦园时先扩穴改土，定植穴长、宽各为 80 cm，深 60 cm，通常每穴施有机肥 10 ～ 15 kg，以腐熟的堆肥、厩肥、人畜粪和饼麸肥为主，加入过磷酸钙或钙镁磷肥 1 kg，与表土拌匀回穴后高出地面 20 cm 以上。每穴种植 1 株苗，定植后淋足定根水，此后要注意保持土壤湿润。

七、栽培管理

1. 施肥管理

幼树施肥，旨在促进生长、培养丰产树冠，要做到勤施薄施，以有机肥为主，尽量避免施用化肥。植后第二次新梢老熟后即可施肥，以人畜粪尿、充分腐熟豆饼水肥为宜，每隔 2 ～ 3 个月施 1 次稀薄水肥，每株施 5 ～ 10 kg。初投产树应配合修剪和培养枝梢进行施肥，第一次每株施腐熟厩肥 20 ～ 30 kg、复合肥 0.5 kg；第二次在翌年 4 ～ 5 月施，施尿素 1.0 ～ 1.5 kg、复合肥 1.2 ～ 1.6 kg。待幼树成长后再适当增加施肥量。

结果树施肥，施肥量视树势及挂果量而定。以每年采收 2 批果的挂果树为例，每年 3 月、8 月、11 月开浅沟施肥，每株施有机肥 2.5 kg 加少量复合肥。有机肥与无机肥搭配，缓效肥与速效肥结合，配以叶面施肥，氮、磷、钾比例为 1：1：1，一般每株每年施纯氮肥 0.2 ～ 0.5 kg、磷肥 0.1 ～ 0.3 kg、钾肥 0.3 ～ 0.7 kg。原则上掌握"一梢两肥"，主要把握 4 个时期施用。①过冬肥。1 ～ 2 月采果后至萌芽前施，每株施有机肥 10 ～ 20 kg，并加钙镁磷肥 0.8 ～ 1.0 kg。②壮花肥。开花前 1 个月施，以速效肥为主，每株施复合肥 0.5 kg、过磷酸钙 0.3 kg、氯化钾 0.3 kg。③壮果肥。在果实膨大期施，以磷钾肥为主，配合施用一定量的氮肥，每株施复合肥 0.3 kg、过磷酸钙 0.5 kg、氯化钾 0.5 kg、饼肥 1 ～ 2 kg。④采果肥。采果后施，以有机肥为主，每株施腐熟厩肥 16 ～ 20 kg、花生麸 3 kg、磷肥 1 kg。果实成熟期适当补充硫酸镁、硫酸钾等化肥，可提高果实的品质。若每年采收多批次果实，更应注意加强肥料施用，通常在采收期结束 1 个月左右开沟重施有机肥，以保持土壤肥力。

每次修剪前后施 1 次重肥，以有机肥为主，配施化肥。年产 50 kg 果的植株，挖穴施花生饼 2.5 kg、复合肥（氮磷钾各占 15%）500 g、氯化钾 250 g、尿素 250 g。或施半干鸡粪 10 kg，化肥同上。9 月、翌年 2 月再分别施 1 次壮果肥，施复合肥 1 kg、氯化钾 250 g。入冬后施 1 次钙镁磷肥，每亩施 20 ～ 30 kg，施肥后覆土，可有效提高树体的抗寒性。

2. 水分管理

抽梢期、开花期、果实生长期要保持土壤湿润，如发生干旱应及时灌水。促花期要控水，以提高抽花率，使果实成熟期相对集中。一般在摘心前控水 7 天，摘心后再控水 10 天，如遇雨天要及时排水。

常用的灌溉方法多为可人工为调节灌溉时间和用水量的"被动式"灌溉模式，如渠道防渗、喷灌、滴灌等，相比大水漫灌方式可有效节约水资源，减少农业灌溉对水资源的浪费。

（1）渠道防渗。采用混凝土防渗体与砌石等材料对渠底部与两侧进行防渗处理。该方式可以使水渠水资源利用系数提高至 0.60 ～ 0.85，相比原来的土渠提高 50% ～ 70%，具有输水速度快、效率高、有利于农业生产抢季节、节省土地等优点，是当下农业节水灌溉的主要措施之一。

（2）喷灌。是借助水泵与管道系统或自然水源形成的落差，将具有一定压力的水喷到空中，从而形成喷洒的一种灌溉方式。其主要优点是水资源节约效率高、地形适应性强、不造成土壤板结等次生问题，在近年来广泛应用和推广。但受天气因素影响较大，风力超过 4 级时灌溉效果明显减弱。

（3）滴灌。利用塑料管道将水通过直径约 10 mm 毛管上的孔口或滴头输送到作物根部进行局部灌溉，是目前干旱缺水地区最有效的一种节水灌溉方式。滴灌通过管道与安装在毛管上的灌水器将水准确地输送至农作物根部土壤位置，其水量蒸发损失少，不会产生地面径流与深层渗漏，对水资源的利用率相当高，同时其搭配肥料等物质，可有效实现对作物的供肥。但因其安装成本较高，且对农业操作人员的要求相对较高，加上该系统本身的滴头的流道较小，滴头易堵塞，且滴灌灌水量相对较小，容易造成盐分积累等问题，在大面积农业灌溉中的使用有一定的缺陷。

3. 树体管理

（1）修剪。修剪是番石榴产期调节重要的技术措施。定植初期修剪宜轻，进入盛果期后修剪加重。植株多修剪成自然开心形，其特点是主干高 50 cm 左右，无中心干，有主枝 3 ～ 4 条，主枝上着生侧枝，侧枝上着生结果枝。进入盛果期的植株应注意及时重剪更新。若之前已经进行过重修剪，此次轻度修剪即可，剪除内膛枝、过密枝、弱枝，短截徒长枝；若之前没有进行过重修剪，此次可重剪，疏去过密、交叉、过于下垂的枝条，对直径 2 cm 以上的粗枝进行重剪，将树冠高度降低至 2 m 以内，以便于疏果、套袋等操作，短截徒长枝、长枝，使树冠保持相对整齐。重剪后会更新树冠，当新梢长至 10 cm 长时，疏去过密和分枝角度不合理的枝梢，长至 20 ～ 30 cm 时进行摘心。

（2）疏花疏果及果实套袋。番石榴易成花，且坐果率极高，通常只要气候适宜，新梢发生其上必有花，自花授粉亦成果，因此需要及时疏花疏果。修剪后果实成熟有相对的集中期，根据需要对坐果的枝条数量进行控制。根据枝条分布的位置和粗壮程度决定留花留果数：保留单生花、两花集生去小留大、三花簇生的去除两边花。疏果时去除畸形果、病虫果，每枝留果 1 ～ 2 个，保留 6 对叶片。正常疏花通常在盛花期进行，疏果一般在谢花期之后、幼果生长 30 ～ 40 天时进行，疏花疏果后要注意施肥、花果管理。

当幼果长到果径 3 ～ 4 cm（约鸡蛋大小）时进行套袋。通常在套袋时同步进行疏果，留约 50% 的枝条坐果，其他枝条进行疏果、摘心，促发下一批花果。套袋既可保护果实免遭病虫害侵袭，又可促进果实发育，生产出的果品外观漂亮、商品价值高。套袋材料为双层聚丙烯材料，内层为白色泡沫网筒，外层为 25 mm × 20 mm × 0.02 mm 的透明薄膜袋，泡沫厚 4 mm。套袋前喷 1 次杀菌杀虫药剂，药剂干后套袋。网口与袋口要紧贴果梗扎实，以防松脱及病虫侵入。

八、病虫害防治

1. 主要病害防治

（1）根结线虫病。

为害症状：根结线虫病的病原为根节线虫。根结线虫发生时番石榴根部结瘤成块，被害根部因细胞巨型化肥大及增生，使根形成肿瘤，导致水分、养分输导受阻，根系伸展不开，养分吸收能力受影响，被害植株叶缘常出现红色小点。

防治方法：预防最重要的是选择健康苗木。在挑选番石榴苗时，要仔细检查植株根系，避免挑选根系有肿瘤状突起的植株。化学防治可选用低毒、高效的杀线虫剂，如福气多、必速灭、菌线威、线虫必克等，沟施时在树冠滴水线下挖环形沟，撒施 10% 福气多颗粒剂 30 ～ 50 g/ 株、98% ～ 100% 必速灭微粒剂 50 ～ 70 g/ 株、1.5% 菌线威可湿性粉剂 30 ～ 50 g/ 株或线虫必克粉粒剂（每克含 2.5 亿孢子）30 ～ 50 g/ 株，然后覆土；也可用 1.0% 阿维菌素（利根砂）+ 甲壳素蘸根、拌肥料沟施、穴施或冲施，同时覆土，对根节线虫病具有较好的防治效果。

（2）藻斑病。

为害症状：藻斑病的病原为绿色头孢藻，主要为害番石榴叶片，受害叶片上出现锈色圆形斑点，略突起于叶表面。

防治方法：通过栽培技术进行预防。不要过度密植，同时加强整形修剪促进通风透光，注意肥水管理以增强植株抗病力，可降低藻斑病发生的概率。

（3）煤烟病。

为害症状：煤烟病是昆虫与真菌复合侵害引起的病害，多发生于叶片和果实。叶片感染初期病部出现黑褐色斑点，随后逐步扩展成黑褐色斑块，发病植株光合作用受阻，导致植株生长不良，树势衰弱，被为害的果实商品价值降低。

防治方法：防治该病害须配合害虫防治，如防治诱发煤烟病的粉蚧、粉虱类害虫及叶蝉等同翅目害虫。此外，加强果园整枝修剪使通风透光良好，加强肥水管理使树势健康，并进行果实套袋，可有效防止煤烟病的发生。

（4）炭疽病。

为害症状：炭疽病主要为害果实，具有潜伏性。未成熟果实受感染不直接出现症状。果实成熟后组织软化、褪色或形成水渍状，病斑逐步蔓延扩大。初期病斑圆形略凹陷，色暗或呈淡褐色，果肉偶尔会出现粉红色轮环状的黏液。

防治方法：注意田间卫生管理，及时剪除病枝，并于修剪后喷施保护性杀菌剂。同时将病叶或病枝从园中清除烧毁，以减少病原。尽量避免过量施氮肥，应多施磷钾肥，以增强植株抗病力。化学防治可选用70%甲基托布津可湿性粉剂、大生可湿性粉剂、50%施保功乳油或40%硫黄胶悬剂等进行喷施。

（5）日灼病。

为害症状：日灼病为非病原性病害，由阳光灼伤引起，又称日烧。其症状为果实向阳面产生不规则形褐色至红褐色病斑，但不伤及内部，在果实背光面不发生。果实太早套袋，日晒情况下塑料袋内温度过高，果肉组织幼嫩容易导致日灼病。此外，果园施用氮肥偏多，也容易产生日灼病。

防治方法：果实不过早套袋；选取着生位置枝叶较多的果实进行套袋，减少阳光灼伤；不过量施用氮肥。

2. 主要虫害防治

（1）蚜虫。

为害症状：若虫、成虫均群聚于叶背面或花器上刺吸植株汁液，被害严重时叶片卷缩，造成植株生长不良。蚜虫分泌的蜜露可引诱蚂蚁前来取食，并协助蚜虫扩散分布范围，诱发煤烟病。

防治方法：在抽梢时用90%晶体敌百虫800倍稀释液喷杀。

（2）粉蚧。

为害症状：雌成虫尾端分泌白色棉絮状蜡质卵囊，并将卵产于其内，若虫孵化后钻出囊聚集在叶、枝条、花、果实及果梗等处，刺吸植株汁液，严重时可导致叶片干枯脱落、幼芽嫩枝停止生长及树势衰弱等。受粉蚧为害的果实商品价值降低。

防治方法：进行修剪使植株通风透光良好；药剂防治可选用10%吡虫啉可湿性粉剂2500倍稀释液、25%扑虱灵可湿性粉剂1500倍稀释液、3%啶虫脒乳油3000倍稀释液或1.8%阿维菌素3000倍稀释液，以上药剂轮换使用，以减少粉蚧的抗药性。

（3）节角卷叶蛾。

为害症状：雌成虫将卵产于新叶上，幼虫孵化后吐丝将新叶卷曲，藏匿其中取食，受惊吓时会往后退并吐丝悬垂逃匿。除为害新梢叶片外，还取食花穗及幼果表皮，造成的疤痕影响果实外观。

防治方法：在新梢萌发期加强防治，可选用敌百虫800倍稀释液或溴氰菊酯3000倍稀释液进行喷杀。

（4）东方果实蝇。

为害症状：雌成虫产卵于果皮内，幼虫孵化后于果实内取食为害，造成果肉水浸状糜烂，导致果实畸形或提早落果。

防治方法：清除田间落果，并进行掩埋处理，以减少虫源；利用含毒甲基丁香油诱杀剂诱杀雄虫；悬挂黄色诱虫板诱杀成虫；进行套袋，避免果实受害。化学防治可在东方果实蝇产卵盛期前开始树冠喷药，选用90%敌百虫800倍稀释液、2.5%溴氰菊酯乳油3000倍稀释液、1.8%阿维菌素乳油3000倍稀释液等，可杀死在树冠上活动的成虫，以上药剂轮换交替使用。

九、采收、贮藏保鲜

1. 采收

当番石榴果实果皮颜色转为淡绿色、黄绿色或淡黄色，稍有果香味，成熟度达七八成时即可采收。采收一般选择在晴天的清晨进行，带果梗剪下，不弃套袋，并轻放于有衬垫的果箱或果篮中。由于番石榴耐储性不强，采收后应及时进行分级、包装和销售。

2. 贮藏保鲜

目前针对番石榴果实的采后保鲜处理，最常用的是低温贮藏，其次为气调包装及各种保鲜剂的应用，还有一些暂时未被广泛应用但也极具创新意义的方法。

（1）低温贮藏。研究表明，成熟果实或部分后熟果实在 8～10℃贮藏条件下保鲜期可达 2～3 周。冷藏保鲜成本较低，现有的设备和技术极易达到处理的要求，因此可作为基础保鲜技术使用。对于广西区内及临近省份的短距离运输，低温贮藏技术能发挥最大优势，但对于需跨省长距离的运输，则存在冷链物流成本过高的问题。目前，低温贮藏是番石榴果实采后贮藏最有效和最广泛应用的处理方法。

（2）气调包装。气调包装是目前在水果采后流通过程中较推崇的一种技术手段，能有效保持品质、降低损耗。该技术主要是利用果蔬采摘后的呼吸作用原理，不断消耗周围氧气，释放出 CO_2 的过程，使用通透性能不同的塑料薄膜调节包装内气体的比例，从而控制果蔬的呼吸速率，提高果蔬保鲜效果。研究表明，采用自发式气调包装可以减少番石榴果实水分的散失，使呼吸强度、过氧化物酶活性和脂膜相对通透性受到有效抑制。延缓果实衰老有助于保持番石榴风味品质，果实在贮藏时间延长至 28 天后仍保持 100% 的好果率。气调包装在许多水果及蔬菜贮藏保鲜方面都具有良好的推广应用价值。气体智能释放型保鲜材料、蓄冷材料、隔热材料、抑菌材料、适宜透气性材料、可食性保鲜材料及多功能缓冲材料等逐渐成为研究和开发的重点。

（3）涂膜技术。涂膜技术是指通过隔离果实与空气间的气体交换，从而抑制果实呼吸，增强果实表皮的防护功能，减少营养流失，抑制水分蒸发，提高果实饱满度，减少病原菌侵染，更好地保持果实的营养价值及外观品质，延长其货架寿命的一项技术。采用涂膜技术，在货架期内大部分番石榴品种果实的表皮光滑。

（4）热处理。热处理是指将采后果蔬置于合适的温度（一般在 35～50℃）来抑制或杀死病原菌的处理，其目的是降低采后果蔬表面酶活性，达到贮藏保鲜的效果。

（5）其他处理方法。林银风等研究了臭氧处理对番石榴果实采后保鲜程度的影响，发现臭氧处理能抑制果实的褐变和呼吸强度，维生素 C 的分解速率显著减缓，贮藏前期超氧化物歧化酶的活性也提高。Singh 等和 Baghel 等研究表明，适当条件的辐照处理能有效降低番石榴果实的呼吸速率和乙烯释放速率，在保持番石榴果实良好的外观质量及口感风味的同时可延缓番石榴果实硬度、可滴定酸和维生素 C 的下降。

第二章 波罗蜜

一、概述

1. 栽培历史和分布

波罗蜜（*Artocarpus heterophyllus* Lam.）又称菠萝蜜、木菠萝、树菠萝，为桑科（Moraceae）波罗蜜属（*Artocarpus*）常绿乔木。波罗蜜原产于印度，在热带、亚热带地区均有种植，广泛分布于亚洲热带地区，主产国有印度、孟加拉国、马来西亚、印度尼西亚、越南、斯里兰卡、菲律宾等；东非的肯尼亚、乌干达、坦桑尼亚，美洲的巴西、牙买加、美国佛罗里达州南部、夏威夷以及大洋洲的澳大利亚也有少量种植。由于波罗蜜是小宗特色水果，一直未被充分开发利用，目前世界粮食和农业组织及主产国仍没有可靠的统计数据。国外研究学者Amrik. S. S 和 N. Haq 从亚洲各主产国收集的资料显示，印度为世界最大的波罗蜜生产国，种植面积为 1.02×10^5 hm^2，产量为 14.36×10^5 t。

我国栽培波罗蜜至今已有 1000 多年的历史，在海南、广东、广西、云南、福建、台湾和四川南部的热带、亚热带地区均有栽培，以海南省种植最多。据不完全统计，目前中国波罗蜜种植面积约 1×10^4 hm^2，年产量约 1.2×10^5 t，其中海南省种植面积 6600 hm^2、广东省种植面积 3000 hm^2，其他地区多为零散种植。

广西波罗蜜适宜种植地区主要分布在防城港市、北海市、钦州市、南宁市、崇左市、玉林市等广西东部、南部亚热带地区。波罗蜜是广西东南地区庭院栽培较为广泛的热带果树之一，栽培历史悠久，常于房前屋后、村庄边缘、道路两旁等零星分散种植。采用实生繁殖，多以果农自选本地果实品质优、丰产性好的单株留种，或以亲戚朋友提供的优良果实种子进行实生繁育。

2. 经济价值

波罗蜜是世界上最重、最大的水果。波罗蜜全身是宝，果肉香气浓郁、味甜爽口，富含糖、蛋白质、维生素 C、维生素 A 等。研究表明，波罗蜜钙和镁的含量特别高，锌、铁、钠、锰等有益元素含量也很高，可以鲜食或加工成果干、果脯、果汁等；种子富含淀粉，可蒸煮食用，味道与板栗相似，可作为粮食代用品；果皮、果腱等废弃物可直接作为饲料或粗加工成饲料。此外，波罗蜜木质细密、色泽鲜黄、纹理美观，是优质的木材，其木屑可用作黄色染料。临床试验表明，波罗蜜具有抗氧化、抗炎症、抗菌、防龋性、抗肿瘤、降血糖、修复伤口等作用，树叶的汤剂在正常人和非胰岛素依赖型糖尿病患者中具有降血糖作用。植物化学研究也表明，波罗蜜含有很多具有重要药理性质的化学物质，如黄酮类、留醇类及异戊烯基黄酮类化合物。

二、主要栽培品种

生产上对波罗蜜的分类标准很多，但通常分为干苞型（硬肉类）和湿苞型（软肉类）两大类。干苞型果苞肉水分少，质地硬而爽脆，手压不易陷下，有弹性，果苞肉与中轴不易分离；湿苞型果苞肉水分多，质地软滑，手压易陷下，果苞肉与中轴易分离。以干苞型品质为优，因此农户种植以干苞型为主，湿苞型较少。

1. 马来西亚1号

该品种是目前我国种植面积最大的品种，由海南省农业科学院热带果树研究所从马来西亚引种海南，又称琼引1号。树冠圆头形，长势中等，枝条密度中等，树干灰白色至灰褐色，叶互生，革质，倒卵形；3年生树高约3.2 m，主干胸径约38.5 cm，冠幅约372 cm×386 cm；在海南，花期主要为12月至翌年2月，每年4月下旬果实开始陆续成熟，5～7月为成熟高峰期。一般种植18个月开始挂果，2.5～3年开始投产，5～6年进入盛产稳产期，6年生平均亩产量约为5472 kg。成熟果实平均纵径约47.63 cm、横径约25.06 cm，果形指数约为1.9，长椭圆形，单果重10～30 kg，果皮有六角棱形的瘤状突起。果苞多为长形，平均纵径约7.25 cm、横径约5.66 cm，厚度中等；果肉纤维含量低，质脆，香，色金黄，种子1粒，黏胶少，可溶性固形物含量约为16%。该品种已成为海南省波罗蜜商品生产的主栽品种，在广西崇左、北流也有一定种植面积的种植。

2. 马来西亚3号

该品种单株产量约58.2 kg，成熟果实单果重约15.8 kg，果形指数约1.76，果形大而圆。单果苞重约32.3 g，苞肉厚约0.48 cm，可食率约40.5%，黏胶量中等；果苞大，果肉厚，含糖汁多，果腱可食，风味好。该品种不耐干旱。

3. 马来西亚5号

该品种单株产量约 69 kg，成熟果实单果重约 16.2 kg，果形指数约为 1.89，单果苞重约 31.9 g，苞肉厚约 0.36 cm，可食率约为 41.2%，黏胶量中等，果肉橙红色，香味浓，香甜爽脆。

4. 马来西亚6号

该品种单株产量约 128.9 kg，成熟果实单果重约 16.3 kg，果形指数约为 1.35，单果苞重约 33.9 g，苞肉厚约 0.35 cm，可食率约为 41.2%，果胶较多，果苞粉红色，果肉较厚，花序轴呈海绵状。该品种抗风性不强，不耐储藏。

5. 常有

该品种是茂名市水果科学研究所与华南农业大学园艺学院合作选育的。果肉金黄色，味甜质脆，有香味，皮薄、苞多，可食率高，果肉无黏胶，食用不沾手，一般单果重 3～5 kg，可食率约为 74.7%，可溶性固形物含量为 26.6%～27.3%，维生素 C 含量为 4.81 mg/100 g。丰产稳产性能好。嫁接苗种后 2～3 年开始开花结果，3 年生树平均株产 20 kg，5 年生树平均株产 82 kg，经多年多点试种，表现出早结、丰产、优质、无胶、迟熟、性状稳定的特点。在广东信宜、高州、电白、化州、茂港等地有较大面积的种植，在广西也有一定面积的种植。

6. 四季

该品种是广东省高州市华丰无公害果场、华南农业大学园艺学院、茂名市水果学会、茂名市老区建设促进会、高州市良种繁育场合作选育的。一般单果重 8～20 kg，最大的为 35 kg，5 年生树平均株产 340.5 kg，产量随树龄增长而增加，可达 500 kg 以上。果实长椭圆形，平均纵径约 57.56 cm，横径约 26.75 cm；果实外表有六角棱形的瘤状突起，果皮平均厚约 1.26 cm。果苞多为肾形或纺锤形，内含 1 粒正常发育或不完全发育的种子，或无种子，单果苞平均重约 46.58 g。果肉致密厚实、味甜质脆，气味芳香浓烈，色橙黄，黏胶少。该品种在广东阳春、阳西、高州、信宜、化州、电白、茂南、茂港等地有较大面积的种植，广西博白和北流在 2012 年引入该品种，有较大面积的种植。

7. 红肉

该品种是高州市华丰无公害果场、华南农业大学园艺学院、高州市水果局、东莞市林业科学研究所、茂名市水果局合作选育的。早结丰产，综合性状优良，无性繁殖遗传性状稳定。具有一年多次开花结果的特性，嫁接苗定植后 2～3 年开始开花结果。果长椭圆形，中等大小，平均单果重约 9.5 kg，干苞，果肉橙红色，肉厚、质爽脆、味清甜，有香气，可溶性固形物含量约为 18.87%，维生素 C 含量约为 9.54 mg/100 g，黏胶少。在广东茂名、阳江等地多点试种，4 年生树平均株产 89 kg，5 年生树平均株产 111.4 kg，比当地普通波罗蜜产量高 80% 以上。在广东茂名、阳江等地有推广种植，广西北海也有较大面积的种植。

8. 海大 1 号

该品种是广东海洋大学选育出的品种。果实近椭圆形，黄绿色，果顶平，单果重约 2.48 kg。果肉金黄色、质爽脆、气浓香，可溶性固形物含量为 27.20%，维生素 C 含量为 112.7 mg/kg，可溶性糖含量为 292.30 g/kg，可溶性蛋白质含量为 9.35 g/kg，黏胶少，可食率高达 62.30%。嫁接苗 3 年结果，以主干结果为主，从谢花到果实成熟需要 100 ～ 115 天，比普通干苞波罗蜜提早成熟 10 ～ 25 天，7 月中旬至 8 月上旬成熟。5 年生树平均株产 38.45 kg。

9. 海大 2 号

该品种是广东海洋大学选育出的品种。树势较旺盛，树冠圆头形，分枝力中等；一年多次开花结果，以春花结果为主，秋花结果次之；春花果 9 月上旬至 9 月下旬成熟，为该成熟季节的晚熟类型；秋花果于翌年 5 月下旬至 6 月中旬成熟。果实长椭圆形，果型中等大小，平均单果重约 7.35 kg，果苞长圆形，果肉黄色、质爽脆，风味浓郁，黏胶较少。果苞可食率约为 58.0%，可溶性固形物含量为 21.5%，维生素 C 含量为 0.55 mg/100 g，可溶性糖含量为 18.5%，可滴定酸含量为 0.194 g/100 g。嫁接树第五、第六年平均株产分别为 50.59 kg 和 80.90 kg。

10. 海大 3 号

该品种是广东海洋大学选育出的品种，属干苞型波罗蜜。树势较旺盛，树冠圆锥形，分枝力中等。果实 7 月中下旬成熟，长椭圆形，平均单果重 4.47 kg，果苞短圆形，果肉金黄色、质爽脆、味浓甜、气浓香、多汁，黏胶较少。果苞品质检测结果：可溶性固形物含量为 27.50%，可溶性糖含量为 338.9 mg/g，维生素 C 含量为 6.59 mg/100 g，可溶性蛋白质含量为 6.1 mg/g，可食率约为 57%。丰产性好，5 年生嫁接树平均株产 47.85 kg，6 年生嫁接树平均株产 102.78 kg。

11. 泰八

该品种是泰国南部波罗蜜种植户 2005 ～ 2009 年筛选培育的优良品种，2012 年引入我国海南省试验示范种植。在海南省，5 年生植株有 3 个成熟高峰期，分别是 2 月中旬至 3 月下旬、6 月中旬至 7 月上旬、9 月下旬至 10 月中旬；成熟果实平均纵径约 39.75 cm、横径约 24.22 cm，果形指数约为 1.64，短椭圆形，平均单果重约 13.70 kg，株产 219.2 ～ 246.6 kg；果苞多为肾形和纺锤形，单果苞平均重 22.84 g，果苞平均厚约 3.0 mm，内有种子 1 粒；果实表面具六角棱形瘤状突起，可溶性固形物含量为 25.53%，果肉纤维含量低，可食率约为 38.6%，肉厚味香，果苞黄色至橙黄色，苞肉厚而密、质脆。该品种具有周年结果、早结丰产、适应性强、易管理、抗逆性强等特点，综合表现优良。该品种近年在海南省昌江县、儋州市、澄迈县、万宁市等地进行规模化示范种植，规模种植面积约为 2000 hm² 左右，近年在广西北海市、博白县也有较大面积的种植。

三、生物学特性

1. 植物学特征

（1）植株。是多年生典型热带果树，树干通常高 10 ～ 15 m，高者可达 25 m。中央主干强大，树干直径可达 80 cm，树冠呈圆头形或圆锥形。波罗蜜幼龄树树皮光滑，呈灰白色，成年树的树皮呈灰褐色，木栓层为红褐色或紫红色。波罗蜜小枝条圆柱形，嫩枝有茸毛，成熟枝光滑，有许多皮孔和环状的斑痕。枝条质脆，不抗风。

波罗蜜结果树

（2）根。由主根和侧根组成，主根较为明显，靠根端根毛吸取水分和养分。老树常有板根，裸露地表的主根和侧根上有时也能结果。

（3）叶。单叶互生，革质，椭圆形或倒卵形，长7～15 cm，宽3～7 cm，先端钝或渐尖、基部楔形，成熟叶片全缘，腹面光滑，绿色或浓绿色，背面粗糙，淡绿色；幼龄树及萌枝的叶常1～3裂，无毛，侧脉6～8对；叶柄长1～3 cm，被平伏柔毛或无毛，槽深或浅。幼芽有盾状托叶包裹，托叶脱落后，在枝条上留下环状的托叶痕。

波罗蜜成熟叶片和嫩叶

（4）花。花序着生于树干或枝条上，雌雄同株异花。雄花序顶生或腋生，形状多为棒状或圆柱形，长5～7 cm，直径约2.5 cm。雌花序生于树干或主枝上，偶有从近地表面的侧根上长出的，形状为棒状，比雄花序稍大。波罗蜜授粉率低，通常一个雌花序有6000朵以上的小雌花，而能受精发育为果苞者仅150～600朵，授粉率为2.5%～10%。

波罗蜜雄花序

波罗蜜雌花序

（5）果实。波罗蜜开花后 4 ~ 5 个月果实才成熟。果实是由整个花序发育而成的聚花果（复合果），椭圆形。一般果实纵径为 20 ~ 50 cm，横径为 30 ~ 70 cm，平均单果重 5 ~ 20 kg，大的可达 40 kg 以上。果实表面有无数六角形的锥状突起，形似牛胃，因此一些地方又称其为牛肚子果，又因外形比较近似菠萝，且长在树上，被称为木菠萝或树菠萝。波罗蜜果实中间有肥厚、肉质的花序轴，四周长满果苞和果腱。果苞多为鲜黄色，偶有黄白色或橙红色。受精的花发育成果苞，未受精或受精不完全的雌花则发育为果腱。

波罗蜜果实

（6）种子。每个果苞中含有 1 粒种子，种子多为肾形，也有圆筒形或圆锥形，子房壁发育成果苞的果皮，包裹着种子。子叶肥厚，富含淀粉。种子平均鲜重约 10 g，绝大多数为单胚，仅个别为多胚。

波罗蜜果苞和种子

2. 生长发育特性

波罗蜜一般先开雄花，后开雌花。果实生长发育期为 100 ～ 120 天，不同品种开花时间有较大差异，早熟品种一般在 1 月开花，6 月上旬成熟，晚熟品种一般 4 月上旬开花，7 月下旬成熟。有些品种一年开两次花、结两造果。

波罗蜜结果部位多集中在树干及主枝上，近地表的侧根上偶尔也能结果。一般短果穗坐果率高，每一果穗有 3 ～ 4 个果。长果穗的果梗比较长，最长达 60 cm，坐果率低，一般每个果穗只有 1 ～ 2 个果，很少有 3 ～ 4 个果。

四、对环境条件的要求

1. 地形及土壤条件

海拔 100 ～ 200 m 的地区比较适合种植波罗蜜。波罗蜜对土壤的要求不高，是抗旱能力较强的果树，适宜在土质疏松、土层深厚肥沃、排水良好的轻沙土壤生长。适宜的土壤 pH 值为 6 ～ 7，如果土壤 pH 值在 6 以下，要在土壤中增施生石灰，中和土壤酸度；如果土壤呈碱性，要施用硫黄中和土壤碱性。

2. 气候条件

影响波罗蜜生长的气候因素有降水量、光照、温度、湿度、空气和风等。波罗蜜生长过程需要充足的水分，以年降水量在 1800 ～ 2500 mm 且分布均匀者为好。波罗蜜生长需要一定的光照，长期在过度荫蔽的环境中生长会导致植株分枝少、树冠小、结果少、病虫害多。苗期生长需要光照率为 30% ～ 50%，太过强烈的光照会影响幼苗的生长。适当的光照对植株生长及开花结果更有利，因此在定植时要留有适当的空间，株距和行距要合适，以利于植株对光照的吸收。

此外，气象因子中的温度、湿度和风在波罗蜜生长过程中也起到重要作用。一般花期遇低温（5℃以下）且阴天和浓雾，会引起波罗蜜落花落果，对开花结果产生不利影响。气温下降幅度过大或昼夜温差大不利于波罗蜜花果正常生长发育。较高的湿度可以减少土表水分的蒸发，对波罗蜜生长有利。微风有利于果树的花粉传播，大风和台风则会使波罗蜜叶片大量掉落，甚至导致枝干折断。因此，在规模化种植时还要考虑营造防风林带。

五、种苗繁育

1. 有性繁殖

波罗蜜有性繁殖多采用种子直播，优点是操作简便，但投产迟，后代变异大，难以保持母本的优良性状。有性繁殖在大规模商业化种植一般不采用只用于砧木的繁育及品种选育。

（1）选种。在果实成熟季节选择生长旺盛、高产、品质好、抗逆性强且结果 3 年以上的母树采果，选择发育饱满、果形端正、充分成熟的果实进行取种，挑选发育良好的种子用于播种。

（2）育苗。种子尽量做到随采随播，播种前使用浓度小于 500 mg/L 的赤霉素溶液浸种 48 小时，可以极大地提高发芽率。将浸种后的种子按 1 ～ 2 cm 间隔排列于沙床上，用细沙覆盖种子，覆沙厚度不超过 1 cm，及时淋水保持沙床湿润。待胚芽露出后移入苗床或育苗袋中，苗床要求土壤肥沃、疏松，施足基肥。营养土以肥沃表土与土杂肥按 9∶1 或 8∶2 的比例加适量椰糠混合备用。如采用苗床育苗，则要将发芽后的种子按 5 cm×10 cm 的株行距移入苗床，遮盖好遮阳网；如采用育苗袋，则将发芽后的种子移入育苗袋中，并放置在树荫下或遮盖好遮阳网。

2. 无性繁殖

无性繁殖是利用植物的营养器官（如枝、芽）繁殖苗木，这样可以保持母树的优良性状。波罗蜜无性繁殖包括嫁接、扦插、空中压条等方法。

（1）嫁接。嫁接适期为 3 ～ 4 月或 9 ～ 10 月，避免在雨天和天气干燥时嫁接。接穗宜在结果 3 年以上的高产优良母树上采集，挑选 1 ～ 2 年生芽眼饱满的木质化或半木质化的枝条。以长势壮旺的实生苗作为砧木，采用补片芽接法进行嫁接。

（2）扦插。选取 1 年生的嫩枝，剪成带有 1 片完整叶片的小段作插穗，用吲哚丁酸与萘乙酸混合液浸泡进行生根处理，扦插后对叶面喷施营养液，可以提高生根率。

（3）空中压条。在品质优良的健壮母株上选取直径 2 cm 左右的枝条，在距离分杈 6 ～ 7 cm 处环割宽 3 ～ 5 cm，将塑料薄膜包裹的生根介质即吲哚丁酸或生根粉混合在泥土、菌渣或腐熟牛粪中，包敷于环剥处，做成椭圆形的土球，包扎严密。待 60 ～ 90 天后土球内新根密集即可锯下进行假植，待发 2 次新梢并转绿后即可种植。

六、果园建设

1. 园地选择

波罗蜜适宜在年平均气温 ≥ 22℃、最冷月平均气温 ≥ 13℃、绝对最低温 ≥ 0℃的地区种植。选择海拔低于 250 m、土层深厚、土质疏松肥沃、pH 值 5～6、地下水位在 1 m 以下、靠近水源且排水良好的地方建园。

2. 定植及管理

定植最好选择在春季和秋季进行，在定植前 2～3 个月对园地进行深耕全垦，让土壤充分熟化，提高土壤肥力，规划好防护林带。定植穴要在定植前 1 个月前准备好，一般株行距为 6 m×6 m，如果是坡地可以采用 6 m×5 m，定植穴以宽 80 cm、高 70 cm、底宽 60 cm 为宜，每穴施有机肥 40～50 kg、复合肥 1 kg、过磷酸钙 1 kg 作基肥，与表土拌匀后施入穴内。选用苗高 30 cm 以上的健壮嫁接苗定植，移苗时要注意不损伤主根，定植后淋足定根水再盖一层细土。定植后如遇到干旱天气，每隔 2～3 天淋水 1 次，以提高成活率，如遇到大雨可能造成涝害，则要挖排水沟排掉积水，防止烂根。定植后 1 个月砧木抽出的嫩芽要及时抹除，如有缺株则及时补种。

七、栽培管理

波罗蜜定植后要对植株进行合理的施肥、灌溉、修剪、除草、促花、采收等田间管理，幼龄树和结果树因其不同的生长发育特性，需要有不同的管理方法。

1. 幼龄树管理

（1）施肥。以促进枝梢生长，迅速形成树冠为目的。苗木定植后 1 个月，在新梢抽出时应及时施肥，一般每月淋稀薄水肥 2～3 次。可施 1∶20～1∶30 的腐熟粪水或 0.3%～0.5% 三元素复合肥水溶液。定植 1 年后做到一梢一肥，1 年生幼树每次施有机肥 5 kg、复合肥 100 g、硫酸镁 10 g，2 年生幼树每次施有机肥 10 kg、复合肥 250 g、硫酸镁 100 g，3 年生幼树每次施有机肥 20 kg、复合肥 500 g、硫酸镁 250 g。施用尿素或复合肥时，在平地可以环施，斜坡则在高处施，并对树盘 1 m 内的土层进行松土。

（2）水分管理。幼龄树在定植初期需要每天至少浇水 1 次，定植 6 个月后可以减少浇水频率。为了保持园地土壤湿润和减少水分蒸发，可用干草、干树叶或间种的绿肥等覆盖地面。雨天要注意排除积水，防止烂根。

（3）整形修剪。以培养伞形的树冠为佳，树冠高度控制在 4～5 m。幼苗期让其自然生长，当植株生长高度达 1.5 ～ 2.0 m 时进行摘心，促其分枝。抽出的芽按东、西、南、北 4 个方位选留 4 ～ 6 个健壮、分布均匀、向水平方向生长的枝芽，培养为一级分枝（即主枝），选留的最低一个枝芽应距地面 1 m 左右，其余枝条全部除掉。一级分枝长 1.5 ～ 2.0 m 时摘心，一般选留 3 ～ 4 条健壮、分布均匀、向水平方向生长的枝条培养二级分枝（即副主枝），其他的枝条全部除掉。经过 2 ～ 3 次摘心后可形成伞形树冠。结果树修剪以冬季修剪为主，剪除枯枝、弱枝、过密枝、残留的结果枝和病虫枝；为控制好树冠，个别大枝、徒长枝要适当短截，保持树枝均匀分布，保护内膛免受暴晒。

2. 结果树管理

（1）施肥。波罗蜜一般在定植 3 ～ 4 年后开始开花结果。结果树在每个结果周期施肥 3 次：一是促花肥，在抽花穗前施用促花肥，以复合肥为主，每株施复合肥 1.5 kg、硫酸钾 0.5 kg、腐熟农家肥 10 kg；二是壮果肥，在幼果期施，以氮、钾肥为主，促进果实迅速膨大，每株施腐熟农家肥 10 kg、尿素 0.5 kg、复合肥 1.0 kg、硫酸钾 0.5 kg；三是果后肥，在采收果实后重施有机肥，促进不定芽萌发，为更新树冠积蓄营养，每株施腐熟农家肥 20 kg、尿素 0.5 kg、复合肥 1 kg、过磷酸钙 0.5 kg。每次施肥都应以农家肥为主，适当施氮磷钾复合肥，在树冠下开环沟施放并适当淋水。

施肥方法要根据树龄、肥料种类、土壤类型等来决定。适宜的施肥方法可以减少肥害，提高肥料利用率。在生产中，施肥方法有环施或穴施等。施肥时，在株间或行间的树冠外围挖条形沟施下，施肥沟的深浅依肥料种类、施用量而定。一般施肥沟宽、沟深各为 15 ～ 20 cm，沟长约 100 cm。旱季施化肥要结合灌水，有机肥施用应结合深翻扩穴深施。

（2）促花。生产上常用环剥或环割的方法促花，目的是切断光合产物向下输送到根系的通道，抑制果树的营养生长，使营养更多地供应生殖生长，促进花芽分化。环剥或环割深度以达皮层不伤木质部为好，环割圈数以 3 圈为宜，每隔 30 cm 割 1 圈，处理部位应距地面 50 ～ 200 cm 或更高些。

（3）疏果。在果实直径 5 ～ 6 cm 时进行人工疏果，疏掉病虫果、畸形果等不正常果，选留健壮、果形端正、无病虫害、着生在粗壮枝条上的果，留果数量也要控制。一般来说，波罗蜜种植 3 ～ 4 年后结果，结果后第一年每株留 2 个果，第二年每株留 4 个果，第三年每株留 6 ～ 8 个果，第四年每株留 8 ～ 10 个果，第五年每株留 12 ～ 15 个果，第六年每株留 15 ～ 20 个果，盛产期每株留 20 ～ 30 个果。

（4）套袋。疏果后套袋。套袋时要留下小孔，以利于空气流通。套袋要宽松些，预留果实长大的空间。套袋时不要碰伤果梗，用绳子扎紧袋口。

（5）修剪。果实采收后进行适当修剪，剪去交叉枝、过密枝、弱枝、病虫枝等。修剪宜轻，树冠中下部枝条尽量保留，个别中央大枝、徒长枝适当短截，使枝叶分布均匀，通风透光。

八、病虫害防治

1. 病害防治

（1）炭疽病。

为害症状：炭疽病是一种真菌性病害，全年均可发生，以 4～5 月较为严重。果实受害会出现黑褐色圆形病斑，病斑上长出灰白色霉层，引起果实腐烂。叶片受害部位多为叶尖、叶缘。病斑为近圆形或不规则形，直径 0.5 cm 至数厘米，呈褐色至暗褐色坏死，周围有明显的黄晕圈。

防治方法：加强栽培管理，增施有机肥、钾肥，及时排灌，增强树势，提高植株抗病力。搞好果园卫生，及时清除病枝、病叶、病果，并将其集中烧毁，冬季清园。适时喷药控制，在新梢期、幼果期和果实膨大期喷药护梢，常用药剂有 40% 福美双·福美锌可湿性粉剂 250 倍稀释液、50% 多锰锌可湿性粉剂 500 倍稀释液、75% 百菌清 800 倍稀释液、40% 多菌灵 200 倍稀释液、70% 代森锰锌 600 倍稀释液和 70% 甲基托布津可湿性粉剂 800 倍稀释液，每隔 7 天喷药 1 次，连续喷药 2～3 次。

（2）蒂腐病。

为害症状：蒂腐病是一种真菌性病害，多发生在果实成熟期和贮运期间。果实受害往往从蒂部开始，病斑初为针头大小的褐色小点，后逐渐扩大为圆形、中央深褐色、周围灰褐色呈水渍状的大病斑。最后果实的大部分变褐腐烂，果肉变质、味苦，无食用价值。病部密生白色霉层，后期产生大量小黑点。

防治方法：在幼果期喷药保护，尤其台风雨后要特别加强喷药保护，常用药剂有 25% 咪鲜胺乳油 1000 倍稀释液、70% 甲基托布津可湿性粉剂 800 倍稀释液和 50% 多菌灵 500 倍稀释液，每隔 7 天喷 1 次，连续喷 2～3 次。在采收时尽量减少果实损伤，贮藏运输时用纸进行单果包装，以免病果相互接触，增加传染。

（3）软腐病。

为害症状：花序、幼果、成熟果均可受害，受虫害、机械伤的花及果实易受害。发病部位初期呈褐色水渍状软腐，随后在病部表面迅速产生浓密的白色棉毛状物，其中央产生灰黑色霉层。感病的果实病部变软，果肉组织溃烂。

防治方法：及时清除树上和周围感病的花、果及枯枝落叶，集中烧毁。适时喷药控制，在开花期、幼果期喷药护花护果，常用药剂有50%甲基硫菌灵·硫黄悬浮剂800倍稀释液、50%苯菌灵可湿性粉剂1000倍稀释液、70%甲基托布津可湿性粉剂800倍稀释液和50%氯硝胺500倍稀释液。

（4）果腐病。

为害症状：受虫害和机械损伤的果实容易受感染，感病初期果皮产生茶褐色病斑，扩大后组织变软，病斑中部渐变深褐色或黑色，在果皮多角形瘤状突起的表面上产生许多黑色小点，严重时连成一片。遇潮湿时即散出大量白色至黑色条状物。病菌延至果梗，果实易腐烂、脱落。幼果感病，由于果肉未成熟，病果逐渐干枯，挂于树上。

防治方法：加强栽培管理，冬季适当修枝，改善通风条件，注意排水防涝。收获果实时轻拿轻放，避免损伤果实；早春开始喷洒50%多菌灵500倍稀释液防治，果实成熟期可喷洒1%波尔多液、50%速克灵500倍稀释液或58%瑞毒霉锰锌可湿粉剂800～1000倍稀释液，每隔7天喷1次。

（5）红粉病。

为害症状：常与蒂腐病病菌、根霉菌一起为害，造成果实表面变褐色、腐烂。病害部位表面有一层霉状物，初为白色后变成淡粉红色。

防治方法：在采收和运输时尽量避免损伤果实。收果后，选用50%可灭丹可湿性粉剂800倍稀释液、20%三唑酮乳油1000倍稀释液或40%特克多胶悬剂500～800倍稀释液浸泡果实5～6分钟，晾干后用纸单果包装。

（6）酸腐病。

为害症状：多发生在成熟果实上，果实受害部位呈褐色、变软，表面有1层白色霉层，内部很快变褐软腐，并有汁液流出，散发出酸臭味。

防治方法：运输时尽量避免损伤果实。采收后，选用双胍盐1000倍稀释液或40%特克多胶悬剂500～800倍稀释液浸泡果实5～6分钟，晾干后用纸单果包装。

（7）生理性裂果。

为害症状：是一种生理性病害，一般是果实在接近成熟时产生裂果，是一种常见症状，主要是由微量元素特别是钙缺失造成的。多表现为纵向开裂，少数为横向开裂。裂开的果肉初呈黄白色，后果肉长出黑色霉状物而变黑甚至腐烂。6～8月果实成熟期，久旱遇雨或久雨骤晴、温度和湿度剧烈变化容易诱发裂果。

防治方法：果实膨大期深翻果园土地，疏松土壤，促进根系发育，提高根系的吸收功能；注重生长期果园科学施肥，施用腐熟有机肥，氮、磷、钾肥合理搭配，适当增施钙肥；土壤缺钙时，每亩地可施生石灰50～70 kg。此外，叶面喷施腐殖酸液体肥并配施0.5%氯化钙，效果更好。久旱要及时浇水，雨季要注意田间排水。

2. 害虫防治

（1）榕八星天牛。

为害症状：幼虫蛀害树干、枝条，使其干枯，严重时可使植株死亡。成虫为害叶和嫩枝。成虫夜间活动，取食叶及嫩枝。

防治方法：加强栽培管理，增强树势，提高树体抗虫能力。用生石灰与水按1∶5配制石灰水，对树干基部向上1 m以内树体进行涂白。每年6～8月成虫产卵高峰期捕杀成虫，发现树干上有少量虫粪时，及时清除受害枝干。低龄幼虫在果树韧皮部下为害还未进入木质部时，用90%敌百虫晶体100～200倍稀释液喷涂树干，或用速扑杀1000～1200倍稀释液喷施树干，在主干发现新排粪孔时，可用注射器注入50%杀螟松乳油、50%马拉硫磷乳油40～100倍稀释液，或将蘸有药液的小棉球塞入新排粪孔内，并用黏土封闭其他排粪孔。在成虫发生期，成虫喜欢在树干上爬行，在树干上绑缚白僵菌粉，使成虫感染致死。

（2）桑粒肩天牛。

为害症状：成虫啃食嫩枝皮层，幼虫钻蛀枝干及根部木质部，使枝干局部或全干枯死，破坏树冠导致减产，严重者整株死亡。

防治方法：参照榕八星天牛的防治方法。

（3）黄翅绢野螟。

为害症状：多出现在5～10月，雌成虫产卵于嫩梢及花芽上，幼虫孵出后蛀入嫩梢、花芽及正在发育的果实中，致使嫩梢萎蔫下落、幼果干枯、果实腐烂。

防治方法：采用人工捕杀的方法降低虫口基数。将收集的虫害果实倒入土坑中，再倒上速灭杀丁水溶液，然后回填厚土。每10天喷施50%杀螟松乳油1000～1500倍稀释液或40%乐斯本乳油1500倍稀释液，连喷2～3次。进行果实套袋，摘除被害嫩梢，花芽喷施2.5%溴氰菊酯乳油3000倍稀释液。

（4）素背肘隆蟊。

为害症状：成虫、若虫取食叶片、嫩梢、嫩果，低龄若虫取食叶肉，仅留下叶脉，高龄若虫及成虫取食全叶。当虫口密度较大时，树冠外围叶片被吃成薄膜状、缺刻状或仅留叶脉，导致叶片干枯、脱落，从远处看类似火烧状，严重时将全株大部分叶片吃光，仅剩下树干与枝条，影响树体生长及果实发育，并导致树势衰弱。成虫选择枝条产卵，部位深至木质部，影响枝条养分、水分传输，后期枝条干枯，受风易被折断。

防治方法：结合冬春季节果树修剪及田间管理，人工去除着卵枝条并集中销毁，减少虫源；利用若虫的群集性及成虫不善飞行的特性，人工采虫或用竹竿击落后捕杀；利用雄成虫晚上鸣叫及成虫、若虫为害时触角不停晃动易被发现的特性，用手电筒照射并捕杀。小面积发生或局部暴发时，采用药剂防治措施控制。防治关键时期为卵孵化期或3龄以下低龄若虫期，选用菊酯类药剂进行喷雾防治；保护利用天敌，尽可能少用或不用广谱型杀虫剂，减少对自然天敌的杀伤，充分发挥鸟类、蜘蛛等天敌的自然调控作用。

（5）绿刺蛾。

为害症状：以幼虫取食叶片为主。

防治方法：铲除树干及周边越冬茧，杀死越冬幼虫；利用低龄幼虫群集于叶背为害的习性，及时摘除带虫叶片，集中销毁；利用成虫的趋光性，在成虫羽化期间用黑光灯诱杀，减少产卵量。保护利用猎蝽和寄生蜂等主要天敌，在幼虫为害高峰期对虫口数量有一定的抑制作用。在虫卵孵化高峰后、幼虫分散前，选用高效低毒药剂进行喷雾防治。第一代幼虫孵化高峰在6月上旬，第二代幼虫孵化高峰在7月中旬以后，选用20%除虫脲悬浮剂10000倍稀释液或4.5%高效氯氰菊酯乳油2000倍稀释液于低龄幼虫期喷洒，均有较好的防治效果。

九、采收加工

1. 采收

波罗蜜从开花到果实成熟需4～5个月。由于同一株树花果不断，且有后熟性，宜分期采收，以保证品质，增加产量，也利于树势恢复。果实成熟度关系果实的贮藏、运输和销售等环节，如果过早采收，果肉颜色偏白，果实甜度低，口感差；过熟采收则会有少许苦味，且不耐贮藏和运输。果实达到八成熟时采收比较合适，以下几项成熟标准可以作为参考。

①果梗呈黄色。

②离果梗最近的一片叶片变黄脱落为果实成熟的特征，此叶片黄化时果实有八九成熟，采下后熟2～3天，品质最好。

③用手拍打果实时发出"噗、噗、噗"的混浊音，表明已成熟，发出清脆音或沉实音则没有成熟。

④外果皮上的刺逐渐稀少、钝化，外果皮变黄色或黄褐色。

⑤用利器刺果，流出的乳汁变清，表明将成熟。用器物擦果皮上的瘤峰，如果脆断且无乳汁流出，表明即将成熟。

根据以上标准采收的果，自然放置几天后即可食用。干苞型波罗蜜果实在温度11.1～12.7℃、空气湿度85%～90%的条件下贮藏，可保存6周左右。湿苞型波罗蜜果实不耐贮藏，成熟后其外皮变软且容易剥皮，果梗带果轴自行脱落，容易发酵腐烂。

在波罗蜜果园的果树上，开花时挂牌标记开花时间，以作为未来有计划进行分批采收果实的依据。

2. 加工

（1）波罗蜜果干加工。

①工艺流程。鲜果（干苞类型）→选别→洗涤→取果肉→入盘→烘干→回软→整形→复烘→包装。

②操作要点。干制前预处理：选择成熟、干苞型波罗蜜果实，视原料具体情况用水或压缩空气除去果实表面的沙子等污物，然后用利刀纵切果实成两半，除去果心（花序轴），层层剥出果肉，去种子。操作过程要注意清洁卫生，以减少原料带菌量。将果肉整齐地铺放于烘盘（或烘筛）上，放入干燥设备。

加工技术要点：为使干制过程果肉水分得到蒸发，分前、中、后期不同的控温和时间的方法。即干制前期用85℃烘1小时，这样可避免果肉表面水分过早形成干渍而影响果肉内的水分扩散蒸发。干制中期烘干温度视料层厚度控制在60～70℃，一般烘8～12小时，中间翻盘1次，使果肉表面有部分干渍出现。达到八九成干时即停止干制。果肉回软1天，略整形。干制后期，控制烘干温度在75～80℃，经历2小时，干制结束。摊晾，立即进行真空包装。整个生产过程注意清洁卫生，防止带菌生产。

（2）波罗蜜蜜饯（果脯）加工。

①工艺流程。鲜果（干苞类型）→选别→取果肉→晾干→糖渍→硬化→蜜制→成品。

②操作要点。脱水处理，用刀将波罗蜜外壳剖开，勿伤及果苞，再将果苞逐个取下。在干净的竹匾上垫干净的白布，将果苞摆在上面，不要重叠和堆积。置于阴凉通风处晾干，防止雨淋、鼠咬、蚊虫污染。一般经过 5～6 天，手摸感觉绵软、不黏手、不易软烂时，即可投入下道工序。

为了保护果苞中原有的糖类及大量的可溶性物质，采用浸糖法。尽量减少加工过程对果苞的不良作用，将硬化工序和浸糖工序同时进行。果苞含糖量高，经脱水后含糖量达到 30% 左右，同时其味似蜂蜜，过于浓厚，为了改善蜜饯的口感和色、香、味，采用果糖含量为 55% 的果苞糖浆。先在渗糖罐内加入一定量的果苞糖浆，再加入料糖总量 0.3% 的氯化钙及 0.1% 的柠檬酸，然后加入果苞，最后加入剩下的糖浆，液面高出果苞 20 cm 为宜。稍搅拌，注意不要损伤果苞。然后盖紧罐口，经过 20 天左右自然糖渍。

（3）波罗蜜饮料加工。

①工艺流程。鲜果→选别→洗涤→取果肉→热烫→糖渍→打浆→调配→均质→超高温瞬时杀菌→灌袋→封罐→杀菌及包装。

②操作要点。波罗蜜果实成熟度达到完熟时，其典型风味才得以体现。因此未成熟果不能使用，病虫果、腐烂果也应予以剔除。除去波罗蜜果实表面上的污物，用刀纵切波罗蜜果实，完整地切除果心，然后剥出果肉，取出种子。将取出的果肉放入沸水中烫 1 分钟，以杀灭有害微生物，使酶钝化，部分胶黏物质聚结，并使果肉组织软化。按果肉：糖 =1：1 的比例用糖腌制果肉，并贮存于常温或 10℃低温下，具体根据贮存期长短而定。用打浆机将果肉打成浆状，滤除纤维等渣粕，以获取果浆，将果浆与辅料进行调配。

（4）波罗蜜果酒加工。

此配制型波罗蜜酒属低度酒饮料，其配方和工艺如下。按常规处理果实，果实剖开后逐个取下完整的果苞。将果苞倒入装有白酒的坛罐中，密封浸渍 20 天，然后将酒倒出，依次加入冷开水、菠萝香精、苯甲酸钠、柠檬酸，混匀后再倒入上述果苞，搅匀，装入橡木桶密封。在室温 8～22℃、湿度 75%～85% 的条件下贮存 3 个月。用垫有石棉纤维素衬料的压滤机过滤配制久贮的酒液，把酒液装入成品收集罐中，采用广口酒瓶装酒。先在每个酒瓶中放入几个波罗蜜果苞，再加入酒液，加盖密封后成为波罗蜜果酒。

第三章　黄皮

一、概述

1. 栽培历史和分布

黄皮 [*Clausena lansium*（Lour.）Skeels] 是芸香科（Rutaceae）黄皮属（*Clausena*）常绿乔木，又名黄枇、黄批、黄柑、黄段、黄淡、黄弹子、王坛子、油皮、油梅等。黄皮原产于我国华南地区，栽培历史悠久，已有 1500 多年的栽培历史。

黄皮属植物全世界约有 30 多种，分布于亚洲南部及东南部、非洲及大洋洲，据《中国植物志》记载，我国约有 10 种，常见栽培的只有 2 种，即黄皮与细叶黄皮，其他各种有些果也可以食用，但尚未见规模栽培。目前，我国黄皮主要分布在广东、广西、海南、福建、台湾、云南、四川、贵州等省区。黄皮在国外如越南、缅甸、泰国、印度、尼泊尔、斯里兰卡、马来西亚、美国的佛罗里达州等地有零星栽培，但面积较小。

广西种植黄皮比较普遍，黄皮资源丰富，分布于北纬 21° 29′ ～ 25° 25′ 的南亚热带与中亚热带南端之间的县（市、区）。经调查，广西黄皮主要分布在钦州、北海、梧州、玉林、贵港、南宁、桂林、柳州等市，其次为百色、来宾、贺州、河池、崇左、防城港等市，最北分布至龙胜各族自治县。其中实生资源数量最多，分布最广。

2. 经济价值

黄皮是热带、亚热带优稀水果，风味独特、营养丰富，是深受群众喜爱的岭南佳果之一。黄皮树势旺、适应性极强，粗生易长，病虫害少，具有早结、丰产、稳产、抗寒性好的特性，嫁接苗一般在种植后 2 ～ 3 年开始挂果，经济寿命长。

黄皮富含维生素、糖分、果胶和有机酸，果肉中不仅具有丰富的氨基酸、维生素以及较丰富的钾、钙等矿质元素，还具有增强人体免疫力以及抗氧化的多糖、黄酮等，营养价值很高。黄皮除鲜食外，还可糖渍和盐渍，制成干果、凉果、蜜饯、果饼、果酱、果冻、果汁及清凉饮料等，深受欢迎。同时黄皮花期较长，花粉量大，花蜜丰富，可作优良的蜜源植物。黄皮木质坚硬，枝干可作为制作家具的良好木材。树姿优美，周年常绿，花香果美，是理想的绿化美化树种。黄皮适宜种植区域较广，营养品质好，风味独特又具有保健功效，可供鲜食、加工以及药用，综合用途广泛，经济价值较高，是一种很有发展前景的地方特色水果。

3. 生产现状

黄皮是华南名优特产水果之一，虽栽培历史悠久，但多为房前屋后零星种植，大面积连片商品化栽培较少。到了现代，黄皮的药用价值、经济价值被发掘并被大家认可，黄皮种植产业才开始慢慢做大，种植面积和规模日益扩大。据不完全统计，郁南无核黄皮、大鸡心黄皮等良种是广东黄皮产区的主要发展品种，其种植面积超过 20 万亩。广东省云浮市郁南县是"中国无核黄皮之乡"，2021年该县无核黄皮种植面积约 16.3 万亩，投产约 12.2 万亩，产量约 6.38×10^4 t，整个产业产值约 30 亿元。广西钦州、桂林、南宁、柳州、梧州等地主要以黑黄皮、香蜜黄皮、鸡心黄皮、圆头黄皮、无核黄皮、冰糖黄皮为主栽品种，目前广西黄皮的种植面积超过 10 万亩。

受历史零星栽培，缺乏系统、深入研究等影响，目前发展黄皮生产还存在以下问题：一是品种优良性差，商品性差。黄皮类型繁多，大部分地方种植的仍为当地品种，优良品种种植面积少，很难生产出满足市场需求的大批量优质黄皮。二是种植面积不连片，品种产业化生产程度较低。黄皮种植多为农民自发小规模种植、房前屋后零星种植或果园间种，生产、运输、保鲜、加工、销售等环节尚未衔接好，科技含量及组织化程度低。三是对黄皮栽培技术缺乏系统、规范的科学研究。由于黄皮种植面积较少，粗生易长又较容易结果，没有重视栽培技术的研究，不能很好地指导生产，造成果实品质得不到保证，经济效益低。四是对黄皮采后商品化处理、深加工技术研究滞后，未能有效提高黄皮的经济价值。因此，从品种、栽培、加工和销售流通等方面开展研究，尤其是推广黄皮高产稳产栽培技术并进行标准化生产，对于促进黄皮增产、果农增收具有十分重要的现实意义。

二、主要栽培品种

黄皮虽是小宗水果，但因民间习惯实生栽培，产生了许多实生变异，种质资源十分丰富。按照种子有无、果实风味、果实形状、成熟期早晚等分为不同品种。

根据种子有无分为无核、少核、有核黄皮3类。无核黄皮绝大多数无核，少数有1粒正常退化种子；少核黄皮无核、部分有1粒正常退化种子或1～2粒种子；有核黄皮种子2～5粒，一般3粒。

根据果实风味，分为酸黄皮、甜酸黄皮、甜黄皮3个类型。如本地土黄皮、酸黄皮果味多偏酸，但富有黄皮味，果树丰产、易栽培，可以作为品种改良的资源，也可以作为加工果汁、果酱和果脯等的品种；味甜而微酸、富有黄皮味的甜酸黄皮如大鸡心黄皮、长鸡心黄皮、圆头黄皮、黑黄皮、香蜜黄皮是主栽品种；圆果冰糖黄皮、长果冰糖黄皮、白糖鸡心黄皮、鸡心甜黄皮、大果甜黄皮，味甘甜、风味略淡，也是栽培的主要食用品种。

以果实形状而分，大致有长心形黄皮，如大鸡心黄皮、长鸡心黄皮、白糖鸡心黄皮、鸡心甜黄皮、无核鸡心黄皮等；圆球形黄皮，如圆头黄皮、大果甜黄皮、圆果冰糖黄皮、新月塘黄皮、山黄皮等；椭圆形黄皮，如鸡嘴黄皮、钦州无核黄皮、长圆黄皮、香蜜黄皮、独核甜黄皮等；圆卵形黄皮，如桂植2号、长果冰糖、牛心黄皮、紫肉黄皮等。大部分本地土黄皮品种皆为圆球形或圆卵形。

根据成熟期早晚，分为早熟、中熟、晚熟3种，早熟品种可以在6月上中旬开始采收，如北海市合浦县的早熟圆头黄皮、冰糖黄皮、小果鸡心黄皮、本地土黄皮等；中熟品种在7月为盛产期，如大鸡心黄皮、鸡心甜黄皮、无核鸡心黄皮、香蜜黄皮等；晚熟品种一般在8月采收，如牛心黄皮、紫肉黄皮。

还有的是根据地方品种命名的，如较为出名的北海市合浦县山口镇永安黄皮、钦州市钦北区长滩镇新月塘黄皮、钦州市浦北县大成黄皮等。

不同品种黄皮果实剖面对比

1. 主要栽培品种

（1）大鸡心黄皮。

树势健壮，树高 4 ～ 6 m，树形为伞形。叶为互生奇数羽状复叶，小叶卵形或阔卵形。中圆锥形或长圆锥形花序，花白色、较小，初花期为 3 月下旬至 4 月上旬。果实成熟期为 7 月中下旬，果穗较大，单穗重达 300 ～ 500 g；果长心形，果皮黄褐色，果肉色泽蜡白，质地细嫩，香气中等。果较大，果皮较厚、质地结实耐贮运，味甜而微酸，富有黄皮味。平均单果重 10.5 g，平均纵径 3.4 cm、大横径 2.5 cm，可溶性固形物含量为 16.5%，可食率为 54.8%，总糖含量为 9.5 g/100 g，可滴定酸含量为 10.9 g/kg，维生素 C 含量为 42.1 mg/100 g。该品种适应性强，比较丰产，嫁接苗定植 2 ～ 3 年后开始结果，成年大树株产可达 100 kg 以上，成熟期较为一致。

大鸡心黄皮结果树

大鸡心黄皮花穗

大鸡心黄皮果穗

大鸡心黄皮果实剖面

（2）长鸡心黄皮。

树势健壮，树高 3～5 m，树形为圆头形。叶为互生奇数羽状复叶，小叶长椭圆形。中圆锥形花序，花白色、较小，初花期为 3 月下旬至 4 月上旬。果实成熟期为 7 月中上旬，果穗较大，单穗重达 300～600 g；果长心形，果皮黄褐色，果肉色泽蜡白，质地脆嫩，风味酸甜，香气淡；果较大，平均单果重 12.7 g，平均纵径 3.4 cm、大横径 2.6 cm，可溶性固形物含量为 13.1%，可食率为 53.6%，总糖含量为 8.3 g/100 g，可滴定酸含量为 16.9 g/kg，维生素 C 含量为 53.4 mg/100 g。特别高产，果形和成熟期也较为一致，甜酸适中，风味好，是鲜食优良品种。

长鸡心黄皮结果树

长鸡心黄皮花穗

长鸡心黄皮果穗

长鸡心黄皮果实剖面

（3）无核鸡心黄皮。

树势强健，树高 3～5 m，树形为圆头形。叶为互生奇数羽状复叶，小叶阔卵形。长圆锥形花序，花白色、较小，初花期为 3 月下旬至 4 月上旬。果实成熟期为 7 月中上旬，果穗较大，单穗重 300～500 g；果长心形，果皮橙色或黄褐色，果肉色泽蜡白，质地脆嫩，风味酸甜，香气淡；平均单果重 9.3 g，平均纵径 2.9 cm、大横径 2.4 cm，可溶性固形物含量为 14.3%，可食率为 67.5%，总糖含量为 8.6 g/100 g，可滴定酸含量为 15.5 g/kg，维生素 C 含量为 47.1 mg/100 g。较高产，果形大而均匀，结实疏散，果皮较厚，不易裂果，肉质结实嫩滑，无核或少数有退化种子 1 粒，可食部分较高，食用方便，商品性好。

无核鸡心黄皮结果树

无核鸡心黄皮花穗

无核鸡心黄皮果穗

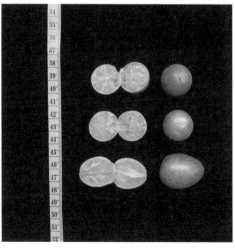

无核鸡心黄皮果实剖面

（4）大果甜黄皮。

树势强，树高 4 ～ 6 m，树形为伞形。叶为互生奇数羽状复叶，小叶卵形。花序形状为中圆锥形，花白色、较小，初花期为 3 月下旬至 4 月上旬。果实成熟期为 7 月中上旬，果穗中等，单穗重 200 ～ 400 g；果圆球形，果皮黄褐色，果肉色泽蜡白，质地细嫩，风味甜酸，香气中等；平均单果重 7.7 g，平均纵径 2.5 cm、大横径 2.3 cm，可溶性固形物含量为 20.9%，可食率为 58.1%，总糖含量为 15.6 g/100 g，可滴定酸含量为 14.0 g/kg，维生素 C 含量为 66.2 mg/100 g。果实大小一致，不易落果，但果皮薄成熟期遇雨易裂果，味甘而香、风味可口，很受消费者欢迎，是黄皮中较为优良的品种。

大果甜黄皮结果树

大果甜黄皮花穗

大果甜黄皮果穗

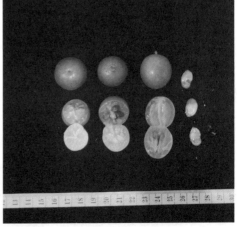

大果甜黄皮果实剖面

（5）圆果冰糖黄皮。

树势中等，树高 2 ～ 4 m，树形为圆头形。叶为互生奇数羽状复叶，小叶长椭圆形。长圆锥形花序，花白色、较小，初花期为 3 月下旬至 4 月上旬。果实成熟期为 7 月上旬，果穗较小，单穗重 150 ～ 300 g；果圆球形，果皮黄色，果肉色泽蜡白，质地细嫩，风味甜，香气中等；平均单果重 5.5 g，平均纵径 2.2 cm、大横径 2.0 cm，可溶性固形物含量为 16.0%，可食率为 60.2%，总糖含量为 13.0 g/100 g，可滴定酸含量为 1.2 g/kg，维生素 C 含量为 51.6 mg/100 g。丰产稳产，果大小均匀、成熟期一致、皮薄核少、肉滑味甜。

圆果冰糖黄皮结果树

圆果冰糖黄皮花穗

圆果冰糖黄皮果穗

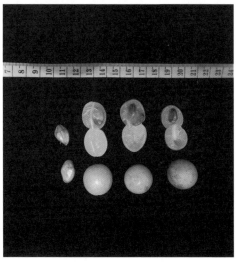

圆果冰糖黄皮果实剖面

（6）长果冰糖黄皮。

树势中等，树高 2 ～ 4 m，树形为伞形。叶为互生奇数羽状复叶，小叶卵形。中圆锥形花序，花白色、较小，初花期为 3 月下旬至 4 月上旬。果实成熟期为 7 月中旬，果穗中等，单穗重 200 ～ 400 g；果圆卵形，果皮黄色，果肉色泽蜡白，质地细嫩，风味甜，香气淡；平均单果重 7.8 g，平均纵径 2.5 cm、大横径 2.3 cm，可溶性固形物含量为 21.6%，可食率为 66.1%，总糖含量为 14.2 g/100 g，可滴定酸含量为 1.5 g/kg，维生素 C 含量为 70.7 mg/100 g。丰产稳产，成熟期一致，果实比一般的圆果冰糖黄皮大。

长果冰糖黄皮结果树

长果冰糖黄皮花穗

长果冰糖黄皮果穗

长果冰糖黄皮果实剖面

（7）鸡心甜黄皮。

树势中等，树高 3 ～ 5 m，树形为圆头形。叶为互生奇数羽状复叶，小叶阔椭圆形。长圆锥形花序，花白色、较小，初花期为 3 月下旬至 4 月上旬。果实成熟期为 6 月下旬至 7 月上旬，果穗中等，单穗重 200～400 g；果长心形，果皮黄色，果肉色泽蜡白，质地细嫩，风味甜，香气中等；平均单果重 10.1 g，平均纵径 3.1 cm、大横径 2.3 cm，可溶性固形物含量为 16.6%，可食率为 50.4%，总糖含量为 10.3 g/100 g，可滴定酸含量为 1.6 g/kg，维生素 C 含量为 31.2 mg/100 g。果大且均匀，不易落果，肉脆清甜，汁多风味浓，适宜不耐酸的小孩和老人食用，为鲜食优良品种。

鸡心甜黄皮结果树

鸡心甜黄皮花穗

鸡心甜黄皮果穗

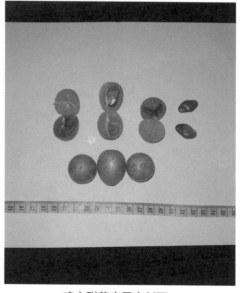

鸡心甜黄皮果实剖面

（8）黑黄皮。

树势中等，树高 2 ～ 4 m，树形为圆头形。叶为互生奇数羽状复叶，小叶长椭圆形。长圆锥形花序，花白色、较小，初花期为 3 月下旬至 4 月上旬。果实成熟期为 7 月上旬，果穗较大，单穗重 300 ～ 500 g；果长心形，果皮黑褐色，果肉色泽蜡黄，质地细嫩，风味甜酸，香气中等；平均单果重 9.3 g，平均纵径 2.7 cm、大横径 2.3 cm，可溶性固形物含量为 16.8%，可食率为 54.6%，总糖含量为 9.2 g/100 g，可滴定酸含量为 10.5 g/kg，维生素 C 含量为 37.2 mg/100 g。在钦州市浦北县当地表现为果大、味佳，高产、质优，成熟期较一致。

黑黄皮结果树

黑黄皮花穗

黑黄皮果穗

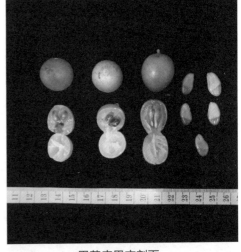

黑黄皮果实剖面

2. 优稀品种或优良单株

（1）香蜜黄皮。

树势中等，树高 3 ～ 5 m，树形为不规则形或圆头形。叶为互生奇数羽状复叶，小叶卵形。长圆锥形花序，花白色、较小，初花期为 3 月下旬。果实成熟期为 7 月上旬，果穗较大，单穗重 200 ～ 500 g；果椭圆形，果皮黄褐色，果肉色泽蜡黄，质地细嫩，风味甜酸，香气中等；平均单果重 9.4 g，平均纵径 2.7 cm、大横径 2.4 cm，可溶性固形物含量为 17.2%，可食率为 54.5%，总糖含量为 10.4 g/100 g，可滴定酸含量为 12.2 g/kg，维生素 C 含量为 33.2 mg/100 g。在钦州市浦北县当地表现为果大、高产、稳产、质优，果实大小均匀、成熟期较一致，嫁接苗定植后 2 年挂果，平均株产 5 kg，成年大树株产可达 100 kg。目前该品种只在浦北县大成镇、白石水镇、龙门镇、北通镇等地有一定规模种植，可加以选育作为钦州市主栽品种繁殖推广。2018 年，浦北县大成镇香蜜黄皮获得国家农产品地理标志登记保护。

香蜜黄皮结果树

香蜜黄皮花穗

香蜜黄皮果穗

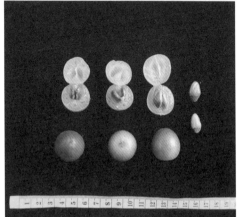

香蜜黄皮果实剖面

（2）永安黄皮。

树势强健，树高 3 ～ 5 m，树形为圆头形。叶为互生奇数羽状复叶，小叶长椭圆形。中圆锥形花序，花白色、较小，初花期为3月下旬。果实成熟期为6月下旬至7月上旬，果穗中等，单穗重200～300 g；果圆球形，果皮黄褐色，果肉色泽蜡白，质地细嫩，风味甜，香气中等；平均单果重9.1 g，平均纵径2.6 cm、大横径2.4 cm，可溶性固形物含量为16.3%，可食率为50.0%，总糖含量为10.7 g/100 g，可滴定酸含量为12.0 g/kg，维生素C含量为30.1 mg/100 g。产自北海市合浦县山口镇永安村，在当地表现为单果较大、高产、质优、味正、色泽鲜艳，在市场上有竞争力。

永安黄皮结果树

永安黄皮花穗

永安黄皮果穗

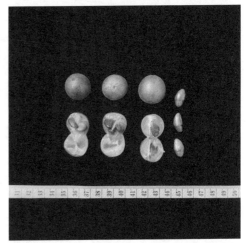

永安黄皮果实剖面

（3）新月塘黄皮。

树势强，栽培树高4～6 m，树形为椭圆形。叶为互生奇数羽状复叶，小叶披针形。中圆锥形花序，花白色、较小，初花期为3月下旬。果实成熟期为6月下旬至7月上旬，果穗中等，单穗重200～400 g；果圆球形，果皮黄褐色，果肉色泽蜡黄，质地细嫩，风味甜酸，香气中等；平均单果重 5.5 g，平均纵径 2.1 cm、大横径 2.0 cm，可溶性固形物含量为 15.5%，可食率为 45.3%，总糖含量为 9.0 g/100 g，可滴定酸含量为 10.6 g/kg，维生素 C 含量为 41.6 mg/100 g。产自钦州市钦北区长滩镇高笼村，在当地表现为大小均匀、高产稳产、色泽鲜艳、酸甜适度、口感良好。

新月塘黄皮结果树

新月塘黄皮花穗

新月塘黄皮果穗

新月塘黄皮果实剖面

（4）紫肉黄皮（暂命名）。

紫肉黄皮为梧州市藤县光宏家庭农场 2013 年从南美洲引进的黄皮新品系。树势中等，树高 3 ～ 5 m，树形为伞形，叶为互生奇数羽状复叶，小叶长椭圆形。长圆锥形花序，花白色、较小，初花期为 4 月上旬至中旬。果实成熟期为 7 月下旬至 8 月上旬，果穗较小，单穗 150 ～ 300 g；果圆卵形，果皮紫色，果肉色泽紫色，质地脆嫩，风味甜酸，香气中等；平均单果重 7.5 g，平均纵径 2.5 cm、大横径 2.2 cm，可溶性固形物含量为 17.5%，可食率为 57.5%，总糖含量为 11.5 g/100 g，可滴定酸含量为 16.4 g/kg，维生素 C 含量为 54.2 mg/100 g。

紫肉黄皮结果

紫肉黄皮花穗

紫肉黄皮果穗

紫肉黄皮果实剖面

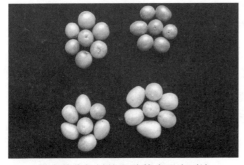

紫肉黄皮与其他品种黄皮果实对比

紫肉黄皮与其他品种黄皮果实剖面对比

（5）南宁市武鸣区优良单株 RZ2019HP062。

树形为不规则形。叶为互生奇数羽状复叶，小叶长椭圆形。短圆锥形花序，花白色、较小，初花期为 3 月下旬。果实成熟期为 6 月下旬至 7 月上旬，果穗中等，单穗重 200～300 g；果圆球形，果皮黄褐色，果肉色泽蜡黄，质地细嫩，风味甜酸，香气中等；平均单果重 6.0 g，平均纵径 2.2 cm、大横径 2.1 cm，可溶性固形物含量为 15.2%，可食率为 61.7%，总糖含量为 8.4 g/100 g，可滴定酸含量为 17.1 g/kg，维生素 C 含量为 45.6 mg/100 g。为广西壮族自治区亚热带作物研究所参与第三次全国农作物种质资源普查与收集行动，在武鸣区双桥镇伊岭村伏禀屯收集到的黄皮优良单株，种质编号 RZ2019HP062。树龄约为 160 年，树高约 6.5 m。在当地表现为高产稳产，果实大小均匀，成熟期一致，味甜而微酸，富有黄皮香味。

武鸣优良单株结果树

武鸣优良单株花穗

武鸣优良单株果穗

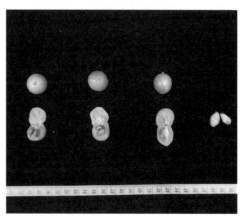

武鸣优良单株果实剖面

三、生物学特性

1. 植物学特征

（1）树干。一般高 3～6 m，有些实生老树高达 6～10 m，分枝多而浓密，树冠开张。实生黄皮树干直立，而嫁接树则分枝较低，主干不太明显。树皮粗糙，灰褐色或灰黑色，树皮常见有纵裂，树干和老枝还会有密生粒状突起。

（2）根。黄皮根系好气、趋水、趋肥，扎根不深，侧根、须根发达，一般在深 30～60 cm、宽度在树冠滴水线内外 30～40 cm 的土层分布比较多。黄皮根系生长没有明显的休眠期，只要条件适宜，春夏秋冬均能生长。根的生长与树冠枝梢生长交替进行，在每次新梢萌发前，都会出现一次根系生长高峰期。每年 1～2 月现蕾期或春梢萌发前，根系开始萌动和生长发育，出现第一次生长高峰；在果实成熟采收后的 7～8 月，根系出现第二次生长高峰；在高温且秋季有雨的地区，9 月下旬根系会出现第三次生长高峰，诱发 10 月抽秋梢，影响花芽分化，直接关系到果树的成长与翌年的挂果。

（3）枝。黄皮的枝梢顶端生长优势强，可连续生长不分枝，枝条生长可长达 50～60 cm，经短截或摘心处理才能激发剪口下的芽萌发而分枝。幼年黄皮树一年可萌发 3～4 次梢，即春梢、夏梢、秋梢、迟秋梢或早冬梢、冬梢。黄皮结果树一般一年萌发枝梢 2～3 次，即春梢、夏梢、秋梢，一般极少萌发夏梢，只有挂果量少或当年不挂果的植株才会萌发夏梢，若树势较弱可保留夏梢作营养枝。

（4）叶。小叶披针形、长椭圆形、卵形、阔卵形或阔椭圆形，叶缘波浪状或齿状，叶尖端为渐尖、突尖或急尖，叶基部为楔形、阔楔形或偏斜形。叶面光滑，叶背粗糙，有少许微粒突起，叶色深绿，叶背淡绿色或绿色，主脉和侧脉均突起，油细胞小而密，揉搓有黄皮香味。腋芽及顶芽皆为绿色，表皮有粒状突起。

（5）花。黄皮的花芽为混合花芽，一般在当年 12 月至翌年 1 月进行花芽分化，生长发育充实、老熟枝条的顶芽或其下腋芽都能进行花芽分化。影响黄皮花芽分化的主要因素有土壤的水分、花芽分化期的天气、树体自身的营养条件等。

早熟品种在 3 月中下旬开花，中熟品种在 3 月下旬至 4 月上旬开花，晚熟品种在 4 月中旬至 4 月下旬乃至 5 月上旬开花。每花穗有小花几十朵至上千朵，随品种、树龄、结果母枝质量和老熟时间而定，小花多在每天 7：00～10：00 开放，穗基部的花先开；花药在 10：00 开放，散出花粉，雌花授粉时间以 10：00～

12：00为最佳。

（6）果实。黄皮果为小浆果，成熟时果皮呈浅黄色、黄色、浅橙黄色、黄褐色或古铜色，以黄色和黄褐色居多，果形近圆球形、圆卵形、椭圆形或长心形，果顶钝圆、尖圆、浑圆、浅凹、深凹、乳头状或不规则形。果长2～5 cm，果皮具茸毛，有油腺体，有特殊香味。果皮由绿色转蜡黄色时果实开始成熟，在果皮完全着色后，果实的各种养分含量越来越高，最后达到各品种具有的特性和风味。

2. 生长结果特性

黄皮一年可萌发2～3次新梢。第一次为2～3月萌发的春梢，即当年结果枝。第二次为5～6月萌发的夏梢，结果树极少萌发夏梢。第三次为7～8月采果后萌发的秋梢，为翌年的结果母枝。要十分重视对秋梢的培养，秋梢要健壮、老熟，在花芽分化前停止生长，否则秋梢继续生长会消耗大量养分，花芽分化难以顺利进行。结果树一般不会萌发冬梢，若树势过旺或天气反常，则会抽生冬梢，要及时抹除。

花穗由上年生长发育充实的结果母枝顶端抽出，长10～40 cm，每年1～3月抽穗，3～5月开花，花期因品种而异，单花花期为24～30小时，单穗花期为10～20天，整株花期为30～60天。黄皮坐果率一般为2%～5%，有的品种可高达10%。连续的的低温、阴雨或干旱天气不利于开花坐果。

黄皮有3次生理落果现象，生理落果是树体的一种自动调控现象，与树体养分积累有关。在开花坐果期、果实膨大期要进行根外追肥或喷施叶面肥，及时补充树体养分。第一次生理落果为花果齐落，主要是发育不全的花和授精不良的果；第二次生理落果在小果如绿豆大时，果梗齐落；第三次生理落果在果实长至花生仁大时。发育不正常的果多数会在生理落果时自然脱落。

黄皮果实发育可分为3个时期，第一个时期为果皮缓慢生长期，这个阶段为盛花至花后15～20天；第二个时期为果皮生长及果肉生长期，为盛花后15～50天；第三个时期为缓慢生长期，为开花50天以后至果实成熟，持续20～30天。自初花至果实开始成熟需70～100天，时间长短因品种、气候等因素不同而异。

黄皮存在成熟期不一致、果实大小不均匀等现象，栽培上可通过疏花疏果调节。一般花穗基部的花先开，同一穗的花开放有先后，会造成果实成熟期不一致，而且果粒大小也不均匀，顶部果较大。

四、对环境条件的要求

1. 温度

黄皮喜温暖、湿润的环境，适宜在年平均气温18℃以上、1月平均气温10℃以上、无霜期300天以上、霜日7天以下的地区种植。在广西，黄皮最北分布至桂林市龙胜各族自治县，广西绝大部分的山坡地、平地均可种植。苗期和幼年树耐寒能力较差，气温在0℃以下有受冻害的危险，尤其是秋梢不够老熟或抽生冬梢的情况下易发生冻害。成年果树耐寒能力强，在0℃气温短期内不出现受害症状，但在12月至翌年2月全年气温最低时期仍需注意防寒、防霜冻。

2. 水分

黄皮是周年常绿的果树，根系分布较浅，耐旱能力较差，而且年生长量较大，一年多次抽梢，开花结果多，需要湿润环境和充足水分，在年降水量1200 mm以上、雨量分布均匀的地区生长良好。水分过多或不足对黄皮生长发育、开花结果影响很大。

土壤太干旱，根系得不到充足的水分，根系、新梢和果实的生长就会受到抑制，从而削弱树势，严重的甚至造成卷叶、落叶和落果，降低黄皮的产量和品质。土壤水分过多，则土壤透气性不好，也容易抑制根系的生长，严重时枝叶黄化、烂根和死树。降水过于集中，对黄皮生长、发育、开花、坐果不利。春季阴雨连绵的天气会影响花质、授粉、坐果，造成落花落果，且嫩梢、幼果易发生霜霉病、炭疽病；夏天暴雨会造成落果，果实膨大期遇久旱骤雨易引起裂果。广西地处亚热带，雨量丰沛，但分布不均匀，在开花期、果实发育期、秋梢期应保持湿润的环境及均衡的水分供应，在雨季要注意排水防涝。

3. 光照

黄皮是喜光作物，对光照适应性很强，既喜光也耐半阴，但不能过于荫蔽。光照充足、通风透光好，则树势强健，树冠内膛枝叶也能吸收散射光进行光合作用，增强树体养分的积累，扩大挂果面积，提高果实的品质和产量。光照不足，特别是果园四周荫蔽、栽植过密，会影响植株光合作用和养分积累，造成植株生长发育不良，枝梢细长软弱，叶片薄、叶色淡、缩短叶片寿命，花芽分化不良、落花落果严重及降低果实品质。通过园地选择、合理密植、整形修剪及科学管理等措施调节和改善光照条件，可提高果实产量和品质。

4. 土壤

黄皮对土壤要求不高，对土壤适应范围广，黏壤土、沙壤土、砾质土均能适应。但不同的土壤对黄皮植株寿命和产量有不同的影响，以排水良好、土壤肥沃、土层深厚、含有适量石灰质的沙壤土最适宜种植，在这样的土壤上种植，树势强健、高产稳产、经济寿命长；而在土质贫瘠、排水不良或有积水的黏重土壤上种植，则生长不良、产量低、经济寿命短。平地、山坡地均可种植，但建园时应尽量选择适合黄皮生长的土壤。山地种植以南向或东南向山坡最好，若山坡地贫瘠，则要挖穴大量埋施有机肥，改良土壤后方能种植。在地下水位较高的平地种植时，则要平铺有机肥，还要注意排水，起垄（高畦）种植。

五、种苗繁育

培育良种壮苗是发展黄皮生产的基础，是高产、优质、高效栽培的前提。黄皮繁殖有多种方法，如实生育苗、嫁接育苗、高压（圈枝）育苗、扦插育苗、组织培养育苗等，目前采用最多的是嫁接育苗繁殖法。黄皮嫁接包括切接、劈接、合接、舌接、插皮接、芽片腹接等方法，生产上以切接、劈接为主。

1. 砧木苗培育

（1）苗圃地选择和整理。苗圃地宜选择地势平坦开阔，耕作、交通方便的地方，最好是新开垦地，可减少地下害虫和病害的发生。以地形规整、不过于复杂的长方形或方形土块为宜。选择水源充足、排水良好、地下水位 0.5 ～ 1 m，土壤 pH 值 5.5 ～ 6，有机质含量不低于 2%，土层深厚、疏松的沙壤土或轻黏质土作苗圃。

播种前 1 ～ 2 个月整地，三犁三耙，整理平整。先深翻 1 次，晒白后每亩撒施石灰 20 ～ 40 kg，耙 1 次；20 ～ 25 天后再犁 1 次，根据土壤肥力和条件，施有机肥作底肥，如绿肥、堆肥等，每亩施 1000 ～ 2000 kg，均匀撒于地上，然后耙平、耙碎土块。犁翻深度一般为 25 ～ 30 cm。深耕细耙后，按畦宽 1.2 m、高 0.3 ～ 0.4 m、沟宽 0.3 ～ 0.4 m、长 10 ～ 15 m 的规格整理苗地。营养袋（杯）育苗可用底部有洞，高 25 cm、宽 20 cm 的育苗袋（杯），将表土、堆肥等按 3∶1 混合成的营养土装入袋中，按长 8 ～ 12 m、宽 1.0 ～ 1.2 m 的规格将营养袋排列成畦。

（2）采种。在黄皮成熟期，选择母树长势强健、枝梢生长粗壮、果大核多、种粒大且饱满的优质酸黄皮或甜黄皮植株采集果实。果实要求个大、饱满、充分成熟。将果实压烂，取出种子，洗去附着的果肉和胶质。选种时把细小、发育不全、形状怪异的种子剔除。因黄皮种子属顽拗性种子，对脱水极为敏感，切勿在阳光下暴晒失水，更不能晒干。种子在室内自然通风处保存，寿命一般只有10天，贮放时间过久会影响发芽率，最好即采即播，如不能及时播种，要用湿润细沙埋藏。

（3）播种。播种时期一般在7～8月，在黄皮成熟季节进行。苗床上设有半遮阳装置。

播种方式有2种：一种是直播成苗，即按砧木生长所需的株行距播种，播种后不需移栽苗，直接培育成砧木；另一种是播后移苗分床，播种时可适当密些，待幼苗生长到一定大小即移苗分床。

播种方法有3种，即点播、撒播、条播。点播，即一般按砧木生长所需株行距（15～18）cm×（20～25）cm将种子播在苗畦中；营养袋（杯）则播种在袋（杯）的中央。每点或每个营养袋（杯）点放2～3粒种子，然后覆盖0.8～1 cm厚的肥沃表土或营养基质。盖上3 cm厚的稻草，一次性淋透水，注意保持苗床湿润，待苗长出后间苗，每点或每袋选留1株壮苗。这种方法培育的黄皮砧木苗生长较快，可不受后期移栽的影响。撒播，可选择起好的苗畦或沙床，直接将种子均匀撒在苗床上，粒距2～3 cm，然后覆盖疏松表土或湿细沙，厚度以0.8～1 cm为宜，盖3 cm厚的稻草，防止淋水时冲刷苗地露出种子，影响发芽和出苗。条播，即按行间10～15 cm的距离开浅沟，深2～3 cm，顺沟播下种子，播后覆盖疏松表土，盖稻草淋水保湿，方法与上述相同。

（4）播种后管理。应经常检查土壤水分状况，土壤干旱时淋水，雨后排除积水，保证畦面和畦沟无积水，保持土壤湿润。幼苗出土后要及时揭开盖草，第一张叶转绿后逐步撤去遮阳材料。幼苗长出2～4片真叶时开始施肥，促进叶片生长，一般淋施或喷施。肥料选用以氮肥为主的0.3%～0.5%复合肥溶液或0.3%～0.4%尿素溶液。以后视生长状况适当追肥。幼苗长出3～5片叶时开始间苗，除去弱苗、病苗和过密苗，直播苗要按一定株行距留苗，点播苗和营养袋（杯）苗则各播种点保留1株苗。及时抹除苗干上的萌芽或分枝，使苗木直立，苗干光滑、平直、粗壮。苗期要及时检查，发现病虫害应喷药防治。

（5）移苗分床。点播苗或营养袋育苗不用移苗分床。在翌年春季，当需要移栽的撒播、条播小苗长出7～8片叶、苗高10～15 cm时，可移植至育苗床或营养袋（杯）中继续管理。移苗前1～2天苗地要淋足水，使苗床土壤疏松，便于起苗。挖苗要深，少伤根，剪平损伤的根，并剪掉幼芽和新梢。用添加生根粉的新鲜黄泥浆浆根。按大、中、小分级分区栽入预先准备好的苗地或营养袋，株行距为15 cm×20 cm，淋足定根水，并保持土壤湿润直至成活。缺苗时应及时补种，苗成活后进行施肥、除草、防虫、防病等管理。砧木苗高35～40 cm时要剪顶，促进砧木加粗生长。当砧木苗培育至茎干直径0.5 cm以上时便可供嫁接。

2. 嫁接苗培育

（1）嫁接时期。黄皮一年四季均可嫁接，接穗枝条老熟、芽眼饱满即可。以2～3月和9～10月最适宜，其他时间嫁接成活率相对较低。2～3月在春芽萌发前进行嫁接，嫁接成活苗可在初夏出圃；9～10月在秋梢老熟时进行嫁接，嫁接成活苗可在翌年春季出圃。在气温稳定、日平均气温18～26℃、阴天无雾、相对湿度为85%左右的天气进行嫁接，成活率较高。

（2）采穗嫁接。从长势壮旺、丰产稳产、无病虫害的优良品种母树或优良单株的树冠中上部外围，选择老熟、绿色的向阳枝作接穗，枝条要求充实健壮、无病虫、芽眼饱满、皮身嫩滑、大小与砧木大小相近。接穗采下后就地剪掉叶片，保留叶柄。按20条左右扎成一捆，贴上标签，按品种用塑料薄膜或湿毛巾包好，置于阴凉处备用，接穗最好随采随接。黄皮嫁接方法较多，生产上较常用的是切接法和劈接法。

（3）嫁接苗管理。黄皮嫁接10～20天后，接穗的芽开始萌发，不成活的要及时补接，以提高成苗率。嫁接10～20天后砧木会萌发砧芽，要及时抹除，集中养分供应接穗生长。接芽萌发后要疏除过多的芽，按留强去弱、留正去歪的原则留下1个健壮芽即可。嫁接时用塑料薄膜全封闭覆瓦状包扎，接穗芽萌发后，会自动冲破塑料薄膜向上生长。当接穗芽第一次新梢叶片转绿老熟、嫁接口愈合后可以解绑。用小刀在砧木背面将包扎膜划一刀，使薄膜带松断即可。

接穗萌发的第一次新梢叶片老熟后用5%复合肥溶液喷施，以后每次新梢抽出前施肥1次。结合施肥适当浅耕松土，松土深度为2～3 cm，并及时除去苗地杂草。要保障苗木生长对水分的需要，旱时淋水、灌水，涝时排水，防止过旱过涝。苗高40～50 cm时即可定干，在苗高35～40 cm处打顶摘心，促使分枝，剪口以下留有3～4个芽眼饱满、芽距适中的芽，萌芽后选留3～4条分布方向不同的健壮新梢培养为主枝，嫁接苗主干高25～35 cm。要常检查，发现病虫害要及时喷药防治。

（4）出圃。加强田间管理，一般在2～3月出圃。当嫁接苗高40～50 cm、有2～4条分枝，嫁接口以上主干横径1 cm以上枝叶生长正常，无病虫害，根系强大时，可出圃定植。用营养袋（杯）育苗的，起苗时连袋取出。苗地育苗，起苗前1～2天淋足水，使土壤湿透，用起苗器或铁锹从苗木四周插入土中，然后连根带泥一齐挖起。起苗要深，避免伤根，用塑料薄膜包扎根部，保持根系完整。出圃时按苗木质量规格进行分级，不达规格的苗木不出圃，出圃后尽快定植或假植。

六、果园建设

1. 选址建园

黄皮对环境条件和土壤要求不严，适应性很强，年平均气温18℃以上地区的平地、丘陵缓坡地可种植。在华南地区（广东、广西、福建、海南等地）年降水量1200 mm以上、年平均气温18℃以上、1月平均气温10℃以上、绝对低温0℃以上的地区均可种植。但要使黄皮达到早结、丰产、稳产、长寿的目的，在建园时应慎重考虑园地的地形、地貌和环境小气候，最好选择土层深厚、肥沃疏松、排灌良好、光照充足的壤土、沙壤土和砾质土。

（1）平地建园。平地果园的土壤特点是土层深厚肥沃，种植的关键是防止积水和沤根。地下水位较低的果园开挖深0.6～0.8 m，长、宽各1 m的种植穴。按自然条件、地形、地力来规划分区和确定区间面积的大小，规划设置道路、辅助设施和排灌系统等。面积较大的果园可分成几个作业区，下设小区，一般采用长方形小区，面积为10亩，以便于管理。

（2）丘陵地建园。丘陵地建园坡度以10°以下为宜。建园时要注重改良土壤，引导根往深处生长，控制水土流失。水源缺乏的果园可安装微喷或滴灌设施，改善水分供应条件。丘陵坡地果园以便于操作为原则，小区面积一般以5～10亩为宜，山顶营造水源林或经济林。开垦果园时按等高线种植，为防止水土流失，坡度较大的果园要按等高线开梯田，同时要做好区间、道路、排灌系统及辅助设施的规划和建设。

2. 种植

（1）种植时间。黄皮全年都可以种植，一般以3～4月春植最好，也可初夏定植或秋植（9～10月），其他季节最好带土种植。

（2）种植密度。根据经营方式、土壤及品种特性而定。每亩种植黄皮30～100株，多采用宽行窄株方式种植。园地条件和管理水平一般的，株行距为（3.0～4.0）m×（4.0～5.5）m；园地条件好、管理水平高、劳动力充足的，可计划密植，株行距为（2.0～2.5）m×（3.0～3.5）m，以后根据需要疏株、疏行；一般的矮化、密植、早结、丰产栽培，株行距为3 m×4 m。

（3）植穴准备与种植。定植前按株行距定标好植穴，按深 0.6～0.8 m，长、宽各 1 m 的规格挖穴。分层回填绿肥、石灰、土杂肥、钙镁磷肥，回足基肥，最后回土高出地面 15～25 cm。苗木定植时要剪平伤根，剪除弱枝、病虫枝和约 2/3 的叶片（保留叶柄），并用新鲜黄泥浆（可加入生根粉）浆根。营养袋（杯）苗也需适当剪去一部分叶片。

最好在阴雨天定植，种植深度以原来苗圃深度为准，即泥土下沉后根颈能与地面齐平或略高于地面。苗木放入定植坑后要直立，侧根、须根自然舒展，根系不能直接接触浓肥，根的周围尽可能盖干湿适度的细土、表土、肥土。边填土边轻轻压实，使根系与土壤紧密接触，最后覆土盖过根颈 0.5～1.5 cm，整理成树盘。树盘盖 5～10 cm 厚的草保湿，淋足定根水。定植后一周内，晴天清晨或傍晚浇水 1 次，此后视土壤干湿情况，数天浇水 1 次，以保持树盘土壤湿润为宜，直至成活。

定植 4 年的黄皮嫁接苗结果现状

七、栽培管理

1. 施肥管理

（1）幼龄树管理。

①施肥原则。幼龄树是从定植后至初结果时的果树，历时 2～4 年。黄皮幼树定植后会迅速形成根系和树冠，每年能抽发 3～4 次新梢。施肥应该采取薄肥

勤施的原则，以氮肥为主，合理搭配磷、钾肥以及钙、镁等微肥。

②施肥时间。黄皮幼树定植成活1个月后即可开始施肥，之后每次在新梢萌发前和新梢转绿后施肥。前两次为土壤施肥，后一次为根外施肥。另外，冬季要结合扩穴改土深施有机肥，加强营养储备。

③施肥方法和用量。在树冠滴水线附近施肥，速效肥浅施，有机肥深施，采用环状沟施、穴施、放射状沟施、条状沟施以及撒施等方法施入。干施化肥一般每次每株施复合肥75～100 g或尿素50～75 g。施水肥在树冠周边滴水线附近挖浅穴，施完后覆回表土，以腐熟人粪尿或腐熟麸肥20倍稀释液为例，一般每次每株施入5 kg，或将尿素55 g、复合肥55 g兑水5 L淋施。

（2）成年树管理。

施肥以氮、磷、钾肥为主，合理搭配钙、镁等微肥，年施肥量视土壤肥力、树龄、生长状况等而定。一般全年施肥可分为5次：1～2月施萌芽肥，促春梢和壮花；4～5月施壮果肥，促果实膨大，提前转色上市；6～8月施采果肥，恢复树势和促秋梢萌发；9月施攻梢肥，促秋梢整齐健壮；11～12月秋冬季节施养树肥。

第一次施肥在春梢萌发前或抽花穗前进行，促进花芽分化，有利于花器官和结果枝生长发育。肥料选用以有机肥为主的堆肥、厩肥，或用鸡粪、麸类、草料加适量复合肥、磷肥、钾肥和石灰与土壤拌匀施用，或单施复合肥0.5～1 kg。第二次施肥在盛花期后进行，肥料以复合肥为主，每株施复合肥150～200 g，适当增加钾肥和有机肥。第三次施肥在果实膨大期即在生理落果后进行，每株施1～2次沤熟的花生麸水肥10倍稀释液5 kg或以钾、氮为主的复合肥150～200 g。果实成熟前，用0.2%尿素液均匀喷洒叶面和果实2～3次，可以提高黄皮产量及品质，使果实成熟一致，着色美、光泽好，提高果实市场竞争力及售价。第四次施肥在采果后进行，恢复树势，促发秋梢，培养适时、健壮的结果母枝，肥料是以腐熟的人畜粪尿或腐熟的花生麸水肥，配以氮为主的速效肥料，每株施腐熟花生麸水肥10倍稀释液15 kg或三要素复合肥（15：15：15）200～300 g或尿素200 g。第五次施肥在秋梢萌发后进行，促秋梢老熟和及时促发二次秋梢，培养结果母枝，选用肥料和施肥量可参照第四次施肥。

2. 水分管理

（1）幼龄树管理。黄皮适宜在湿润环境下生长，但忌积水。旱时灌水，涝时排水，保持土壤湿润。定植后至第一次新梢老熟时期要注意保持土壤湿润度。植株成活后，根据土壤的湿润度和枝梢生长发育状况及时排、灌水，使土壤既不积水又保持湿润。

（2）成年树管理。根据黄皮不同的生长时期及对水分的需求进行合理灌溉和排水，以利于丰产稳产。12月至翌年1月是黄皮花芽分化时期，要减少灌溉，适当控水，使土壤稍干旱，以利于花芽分化。2～4月是黄皮开花坐果期，春梢萌发，花穗生长发育、开花坐果，此时期春雨绵绵，空气湿度大，要注意大雨后排除积水，保持土壤湿润。5～6月是果实膨大期，水分供应要充足，天气干旱无雨时要喷水、滴灌，必要时全园灌跑马水1～2次，此时期也是暴雨季节，要注意排水，防止烂根和裂果。7～10月是采收期和秋梢吐放期，保证充足的水分供应，以利于植株生长；下暴雨时要排积水，防止裂果和烂根。

3. 整形修剪

（1）幼龄树整形。树体骨架牢固，结构合理，主枝和侧枝枝组分布均匀有序，并有一定的分枝级数和末级梢数，枝梢生长健壮，叶绿层厚，为尽快形成早结丰产的树冠打下基础。常用的整形修剪方法有抹芽、摘心、短截、疏剪等。生长季节枝条生长旺盛，修剪多采用摘心、抹芽、短截，宜轻剪。冬季修剪多采用疏剪、短截等，根据树势和整形需要可适当重剪。幼苗定植成活后，在肥水供应充足的情况下，在主干高40～50 cm时摘心或短截定干，促进截口以下的芽萌发，选取2～3条生长健壮、分布均匀的枝条培养为主枝。待主枝老熟后，在15～20 cm处摘心或短截，促使剪口下的芽萌发，再在各主枝上选留2～3条健壮、分布合理的枝条培养成二级主枝。采用上述方法培养三级分枝、四级分枝……约经2年可培养出具有4～6级分枝、20多条末级梢、有一定挂果能力的树冠，使黄皮果树提早度过幼龄期进入结果期。幼龄树冬季修剪时，剪除和疏去不合理分布的枝梢或枝组，剪除病虫枝、枯枝、弱枝、阴枝、过密枝、徒长枝、交叉枝、下垂枝。

（2）成年树修剪。结果树生长速度较慢，年发梢力不强，尤其进入结果期后，一般一年发梢2～3次。第一次是春梢，即结果枝，顶端着生花穗。第二次是夏梢，结果树极少抽发夏梢，只有挂果量少的植株或当年不结果的植株才萌发夏梢。第三次是秋梢，即翌年的结果母枝。树冠的营养生长和生殖生长主要是靠春梢和秋梢，修剪宜轻不宜重。修剪在生长季节和冬季修剪。修剪方法常采用摘心、短截、疏剪。冬季修剪在冬季结合清园进行，主要是剪除枯枝、病虫枝、阴枝、弱枝，保证树体通风透光，减少翌年的病虫害和不必要的营养消耗，以利于光合作用，促进秋梢生长和花芽分化。生长季节修剪结合采果或在采果后及时回缩或短截结果母枝，促发秋梢，培养健壮的结果母枝。

（3）疏花、疏果、保果。

①疏花。黄皮花穗大，小花多，每穗达千朵以上，开花期长，尤其是幼龄树，往往同一穗花的花期可长达15～20天，坐果率为3%～6%。花期长不但造成落果，而且导致同穗果实大小不一、成熟期不一致。为了减少养分消耗，促使同穗花期和果实成熟期趋于一致，可适当疏花或短截花穗，即在花穗开花后至盛花前，将顶部花穗剪去总量的1/3左右。若花穗带小叶，应同时将小叶摘除。

②疏果。可在生理落果后进行，一般先疏去畸形果、病虫果、小果，然后根据植株生长和营养水平、挂果量，适当疏去密生果。

③保果。果实膨大期至成熟期要注意防虫、防病、防鸟啄食果肉、防裂果、防机械损伤。果实套袋，用白报纸或牛皮纸制成圆筒形的袋，长约35 cm，宽约25 cm，套上果穗，上部束缚，采果时将果穗和袋子一起摘下。树盘覆盖，减少树盘内的土壤水分，减少雨后裂果。在果实发育期，旱时淋水喷水，涝时排水，保持环境和土壤湿润。在采收前1个月内一般不宜施药，若有病虫发生要及时剪除病虫果，减少病虫传播。

黄皮果树果穗套袋

八、病虫害防治

1. 病害防治

（1）炭疽病.

为害症状：炭疽病是黄皮生产上的一种常见真菌性病害，在各个生育期均可感病，病斑上有黑色小点。主要为害叶片，也为害枝梢、花穗和果实，引起叶斑、落叶、落果、枝梢枯死、果实腐烂或干缩，影响产量和果实品质。

防治方法：搞好冬季清园，结合修剪，及时剪除病虫枯枝，捡拾落叶、落果，并集中烧毁，同时树冠喷布 2 ～ 3 波美度石硫合剂或 45% 晶体石硫合剂 300 ～ 500 倍稀释液，减少越冬病原。加强栽培管理，增施有机肥，增强树势，提高植株抗病能力，做好防冻、防旱、防涝和其他病虫害的防治。及时施药，保护新梢、幼果。在嫩梢嫩叶期，特别是幼果期和 6 ～ 8 月果实成熟期，适时喷药保护。常用药剂有 50% 多菌灵可湿性粉剂或 70% 甲基托布津可湿性粉剂 800 ～ 1000 倍稀释液、50% 新灵可湿性粉剂 600 倍稀释液、40% 福星乳油 5000 ～ 6000 倍稀释液、50% 退菌特可湿性粉剂 500 ～ 600 倍稀释液、75% 百菌清 700 ～ 1000 倍稀释液、80% 大生可湿性粉剂 400 ～ 600 倍稀释液和 50% 多菌灵可湿性粉剂 500 倍稀释液，隔 7 ～ 15 天喷 1 次，连喷 3 ～ 4 次。

（2）煤烟病。

为害症状：黄皮煤烟病是一种普遍性病害，主要为害叶片，也为害嫩梢和果实，发病部位初期出现黑色小斑点，后逐渐扩大，在表面形成暗褐色霉层，这种霉层好似一层煤烟，手擦易脱落。霉层会造成光合作用受阻，导致树势衰弱，并分泌毒素使植物组织中毒，导致植株开花少、结果少，果实品质低劣，严重影响果实的品质和产量。

防治方法：加强黄皮园管理，适度修剪，改善树冠通风透光性能，降低湿度，创造不利于病害发生的条件。加强防治蚧、蚜、木虱等害虫，减少虫源。发病初期加强检查，及时施药防治，可抑制蔓延。在发病初期，可喷洒 0.5% 波尔多液、硫黄胶悬剂 300 倍稀释液、40% 灭病威悬浮剂 500 倍稀释液、30% 氧氯化铜悬浮液 600 ～ 700 倍稀释液或 50% 多菌灵可湿性粉剂 800 倍稀释液，连喷 2 ～ 4 次，隔 7 ～ 10 天喷 1 次，也可以结合其他病害进行防治。

（3）梢腐病。

为害症状：黄皮梢腐病又称为黄皮死顶病，普遍发生于黄皮主产区。可在植株地上部分的各部位发生，主要造成梢腐，也可造成叶腐、果腐和枝条溃腐。该病随带病苗木逐渐向果园新区扩散，发病轻者减产，重者无收，甚至毁掉整个果园。树梢受害嫩芽变褐坏死、腐烂，顶部嫩梢转变为黑色，病部收缩呈烟头状。受害叶片一般从叶尖、叶缘出现症状，病部变褐色且腐烂，严重时将扩展到整个叶片，病部与健部交界处常有深褐色的波纹。枝条受害形成褐色斑块，长0.3～1.2 cm，呈梭形隆起，中央凹陷，木栓化。受害果实形成褐色斑点，呈圆形、水渍状，潮湿时病部产生大量白霉，最后导致果实腐烂。

防治方法：因地制宜地选择较抗病品种。加强果园管理，增施腐熟有机肥，防止偏施氮肥，适当增施磷钾肥，合理灌溉，增强树势，提高树体抗病力。科学修剪，剪除病梢、病叶、病枝条及茂密枝，调节通风透光，注意排水措施，保持果园适当的温湿度，结合修剪，冬季做好果园清理，并喷施1～2次50%多菌灵可湿性粉剂500～600倍稀释液。新梢萌发期加强检查，发现上述病害症状应及时施药保护新梢，可用40%灭病威悬浮剂500～600倍稀释液、70%甲基托布津可湿性粉剂800～1000倍稀释液、40%氧氯化铜胶悬剂500倍稀释液或硫黄胶悬剂300倍稀释液等。

（4）霜疫霉病。

为害症状：主要为害花穗、果实，也可在叶片发生。为害花果造成花穗干枯、果实腐烂，导致大量落果和烂果，且严重影响鲜果贮藏和外销。叶片受害先是出现褐色小斑点，后扩大成淡黄色不规则形病斑，天气潮湿时病斑表面长出白色霉层。花穗受害时初见褐色斑点，后病斑扩大使花和小枝梗变褐色，严重时花穗变褐色且腐烂，病部产生白色霉状物。霜疫霉病主要为害近成熟的果实，初在果皮表面出现褐色不规则形病斑，后迅速扩大使全果变黑，果肉腐烂成浆，有刺鼻的酒味和酸味，并流出黄褐色汁液，病部长出白色霉状物，病果易脱落，降低产量。

防治方法：加强果园管理，在果实采摘后及时清洁地面病果、烂果，修剪树上枯枝，并集中烧毁，可以减少菌源。合理施肥，防止果园郁闭，通风透光，有利减轻病害的发生。在花蕾期、幼果期、果实转色期和果实成熟前喷药1～2次，预防病害发生，可用75%百菌清可湿性粉剂500～800倍稀释液、70%甲基托布津可湿性粉剂1500倍稀释液、80%代森锰锌可湿性粉剂500～800倍稀释液、40%乙磷铝可湿性粉剂300倍稀释液、80%乙磷铝（疫霜灵）可湿性粉剂500倍稀释液、25%瑞毒霉（甲霜灵可湿性粉剂）250～350倍稀释液或60%霜炭清可湿性粉剂600～800倍稀释液等。

（5）流胶病。

为害症状：为害叶、枝干等部位，幼树离地10～15 cm的干部最容易受害。枝干受害症状分流胶型和干枯型，两种类型的病斑均能侵害木质部呈浅灰褐色，病健交界处有 1 条黄褐色或黑褐色痕带。受害的叶片在叶面形成灰褐色、圆形或不规则形病斑，叶片发黄，叶脉发亮，叶片呈萎蔫状，病重时植株干腐致使叶片枯死。

防治方法：加强栽培管理，采收后及时翻土，适当增施腐熟有机肥，保持适当水分，增强树势，提高植株抗病能力；翻耕除草培土时切忌造成机械创伤，以预防病菌侵染。及时处理病树，集中烧毁，并用 1∶10 的石灰硫黄粉撒施病株土壤，消灭病原。发现有流胶的植株，可用小刀刮除病部组织，清除干净后第二天用药剂涂敷伤口，药剂可用 1∶1∶10 波尔多液、50% 多菌灵可湿性粉剂 100～200 倍稀释液或 70% 甲基托布津可湿性粉剂 100 倍稀释液。

2. 虫害防治

（1）柑橘木虱。

为害症状：成虫刺吸嫩芽和叶片的汁液，导致被害芽梢、嫩叶干枯萎缩，抑制新梢生长；若虫为害嫩芽和嫩叶，使叶片扭曲畸形，严重时使新芽凋萎枯死。同时，柑橘木虱排出白色蜡丝状排泄物黏附枝叶，诱致煤烟病发生，影响光合作用，降低产量。柑橘木虱一年可发生 11～12 代，各世代重叠发生，辗转为害多种寄主。冬季以成虫越冬，成虫寿命较长，栖息于树冠枝丛中。

防治方法：做好冬季清园，清除枯枝落叶及杂草，挖除病树或弱树，同时避免与柑橘等芸香科果树同园混栽，以减少虫源。加强肥水管理，抹芽控梢，统一放梢，减少该虫在零星抽发的嫩梢上产卵，减少产卵繁殖场所；夏季修剪果树，合理留枝，保持通风透光，减轻为害。柑橘木虱常见天敌有瓢虫、草蛉、啮小蜂、跳小蜂等，应注意保护这些天敌，利用它们来控制木虱的种群数量。在新梢抽放前后各施药 1 次，药剂可用 25% 扑虱灵乳油 1000 倍稀释液、40% 乐果乳油 1000 倍稀释液、20% 灭扫利乳油 1000 倍稀释液或 80% 敌敌畏乳油 800～1000 倍稀释液等。

（2）白蛾蜡蝉。

为害症状：白蛾蜡蝉俗称白鸡，是一种多食性害虫，寄主有柑橘、黄皮、荔枝、龙眼、杧果等果树。以成虫和若虫群集在荫蔽的枝条、嫩梢、果穗上吸食汁液为害。受害植株树干及枝叶上均有白色棉絮状蜡质，受害叶片萎缩弯曲，树势衰弱，严重时枝条干枯，幼果被害后引起脱落或果实品质变差。白蛾蜡蝉排出的白色棉絮状蜡质黏附枝叶，可诱发煤烟病。该虫一年发生 2 代，以成虫在树冠枝丛中越冬，第一代若虫盛发于 4～5 月，第二代若虫盛发于 8～9 月。

防治方法：合理修剪，使树冠通风透光，适时修剪过密枝、荫蔽枝、病虫枝，彻底清除落叶，集中烧毁。掌握若虫初孵期，在其集中为害未分散前进行药剂防治，药剂可选用 80% 敌敌畏乳油 800～1000 倍稀释液、10% 灭百可乳油 2000 倍稀释液、50% 马拉硫磷乳油 800～1000 倍稀释液或 40% 乐果乳油 1000 倍稀释液。

（3）堆蜡粉蚧。

为害症状：堆蜡粉蚧寄主有柑橘、黄皮、龙眼、番荔枝等果树。雄虫一般数量很少，主要为孤雌生殖。以若虫、雌成虫为害嫩芽、嫩梢、果实，聚集一起吸食汁液，导致幼芽扭曲变形，不能正常抽发，被害叶片、幼果易发黄脱落。嫩叶及果受害后易被棉絮状物所污染，诱致煤烟病。该虫一年发生 5～6 代，以成虫、若虫在树干、枝条的裂缝、卷叶中越冬，翌年 2 月开始活动。第一代若虫 4 月上旬盛发，第二代 5 月中旬、第三代 7 月中旬、第四代 9 月上旬、第五代 10 月上旬、第六代 11 月上旬盛发。一年中以 4～5 月以及 10～11 月虫口密度最大，为害最重。

防治方法：加强果园栽培管理，剪除过密枝梢和带虫枝，及时修剪带虫新梢，集中烧毁，使树冠通风透光，降低湿度，减少虫源。注意引移和保护、利用瓢虫、寄生蜂等天敌。在虫口密度较低时人工捕杀，减少农药使用。春梢抽发期，重点施用农药，压低该虫全年发生数量，药剂可用 40% 速扑杀乳油 800～1000 倍稀释液、40% 乐果乳油 1000 倍稀释液、80% 敌敌畏乳油 1000 倍稀释液或 90% 晶体敌百虫 1000 倍稀释液加 0.2% 洗衣粉，每隔 5～7 天喷 1 次，共喷 2 次。

（4）橘蚜。

为害症状：橘蚜以成虫、若虫群集于新梢、嫩叶、嫩茎上刺吸汁液为害。受害叶片皱缩卷曲，凹凸不平，不能正常伸展。新梢受害后弯曲变形，严重时会导致新梢枝死。被害植株因蚜虫为害排出蜜露，阻碍叶片的光合作用，严重削弱树势，降低产量，导致果实品质下降，也容易诱发煤烟病。该虫在黄皮生产上最为常见，一年可发生 10～20 代，世代重叠，以春秋两季为害严重，夏季高温多雨，发生较轻。

防治方法：冬季结合修剪，剪除有卵枝或被害枝，消灭越冬虫源。生长季节进行抹芽或摘心，除去被害枝梢和抽发不整齐的新梢，以减少蚜虫食料，压低虫口基数。黄板诱杀，保护和利用天敌。橘蚜的天敌种类很多，瓢虫、食蚜蝇、草蛉、蜘蛛、寄生蜂等都是很有效的天敌，在果园中应避免不必要的用药。药剂防治时尽可能采用挑治的办法，以保护和利用天敌。春季蚜虫越冬卵孵化率达50%～70%，或新梢有蚜率达20%以上时，应立即开展药剂防治，药剂可选用10%吡虫啉可湿性粉剂2000倍稀释液、50%抗蚜威可湿性粉剂2000倍稀释液、40%乐斯本乳油1000～2000倍稀释液、25%阿克泰水分散粒剂5000～6000倍稀释液、15%金好年乳油2000倍稀释液、3%啶虫脒乳油1500～2500倍稀释液、2.5%鱼藤酮乳油600～1000倍稀释液或0.3%苦参碱水剂400倍稀释液等。

（5）潜叶蛾。

为害症状：幼虫孵化后即潜入嫩叶、新梢和果实的表皮下为害，蛀食叶肉和汁液，边食边前进，蛀成迂回曲折的隧道。成熟幼虫，大多蛀至叶缘处，虫体在其中吐丝结薄茧化蛹，常造成叶片边缘卷曲硬化不能正常生长，新梢生长受阻。为害严重时，所有新叶卷曲成筒状，严重破坏光合作用，导致叶片早落，树冠生长受阻，其伤口易感染病害。该虫一年发生9～10代，以老熟幼虫和蛹在秋梢或冬梢上过冬。主要在7～9月夏梢、秋梢抽发期为害。苗木和幼龄树，由于抽梢多而不整齐，适合成虫产卵和幼虫为害，常比成年树受害严重。

防治方法：杜绝虫源，防止传入；结合冬季修剪，石硫合剂清园，剪除被害枝叶并烧毁。根据潜叶蛾发生规律，成年树尽量统一放梢，及时抹除零星新梢，以免发生虫害。成虫羽化期和低龄幼虫期是防治适期，防治成虫可在傍晚进行，防治幼虫宜在晴天午后用药。可喷施10%二氯苯醚菊酯乳油2000～3000倍稀释液、2.5%溴氰菊酯乳油2500倍稀释液、25%杀虫双水剂500倍稀释液（杀虫和杀卵效果均好）或25%两维因可湿性粉剂500～1000倍稀释液，每隔7～10天喷1次，连续喷3～4次。

（6）褐带长卷叶蛾。

为害症状：幼虫为害叶片、嫩芽、花蕾，蛀食幼果和近成熟果，导致落花、落果，新梢生长受阻。幼虫吐丝将3～5张叶片牵结成束后匿藏于其中取食叶肉，使被害部分呈枯褐色膜状斑或食叶成穿孔或缺刻状。低龄幼虫为害嫩茎，以嫩茎末端蛀入食害髓部，致使被害茎枯萎。幼虫蛀入幼果，蛀孔外附有虫粪，有时在数果相接处、果蒂及近蒂果面上吐丝缠住，在其间取食近蒂部果皮，致使被害果实掉落。

防治方法：冬季做好清园工作，剪除有虫枝叶，集中烧毁，减少果园虫源。花期、幼果期和夏梢、秋梢抽发期及时检查虫情，在低龄幼虫期喷药防治，药剂可选用5%甲维盐乳油1500倍稀释液、10%吡虫啉可湿性粉剂3000倍稀释液、1%阿维菌素乳油3000～4000倍稀释液、25%除虫脲可湿性粉剂1500～2000

倍稀释液、90% 晶体敌百虫 800 ～ 1000 倍稀释液加 0.2% 洗衣粉、80% 敌敌畏乳油 800 ～ 1000 倍稀释液或 2.5% 溴氰菊酯乳油 3500 ～ 4000 倍稀释液等。

（7）柑橘凤蝶。

为害症状：以幼虫为害黄皮新梢、叶片，造成叶片残缺不全。严重时，被害的叶片只存叶脉，嫩枝光秃，伤口易感染溃疡病。该虫一年发生 4 ～ 5 代，以蛹在叶背或枝条隐蔽处越冬，翌年 5 月上中旬羽化成为成虫。白天活动，吸食花蜜补充营养后交尾产卵，卵散产于枝梢嫩叶上。卵经 3 ～ 7 天孵化，幼虫共 5 龄，高龄幼虫食量很大，5 龄时一夜能食 5 ～ 6 片叶。老熟后吐丝固定尾端，系住身体附着在枝条上化蛹。3 ～ 11 月田间均可发现成虫飞翔。

防治方法：人工摘除卵和捕杀幼虫，冬季清除越冬蛹。可用糖醋液诱杀，也可保护和引放凤蝶金小蜂、凤蝶赤眼蜂和广大腿小蜂等卵或蛹的寄生蜂天敌来防治。药剂可选用孢子青虫菌粉剂 1000 ～ 2000 倍稀释液、90% 晶体敌百虫 800 ～ 1000 倍稀释液、80% 敌敌畏乳油 800 ～ 1000 倍稀释液、2.5% 溴氰菊酯乳油 3000 ～ 4000 倍稀释液、10% 氯氰菊酯乳油 3000 ～ 4000 倍稀释液或 2.5% 功夫乳油 3000 ～ 4000 倍稀释液等，于幼虫龄期喷洒。

（8）星天牛。

为害症状：以幼虫蛀害主根、主枝、树干基部，影响水分和养分的输导，严重影响树体的生长发育。受害植株成株发黄，叶片黄化，树势衰弱。严重时整株死亡，幼龄树最为常见，对生产影响很大。幼虫一般蛀食较大植株的基干，在木质部乃至根部为害，树干下有成堆虫粪，使植株生长衰退乃至死亡。成虫咬食嫩枝皮层，形成枯梢，也食叶成缺刻状。该虫南方一年发生 1 代，以幼虫在树干基部或主根内越冬。4 月下旬开始出现成虫，5 ～ 6 月为羽化盛期，羽化后不久交配产卵，5 月底至 6 月中旬为产卵盛期，卵多产于树干离地面 40 cm 以内部位，6 月中上旬为幼虫孵化高峰期，幼虫孵化后在树皮下蛀食，约 1 个月开始入侵木质部。

防治方法：加强栽培管理，冬季认真清洁果园，用石灰、硫黄粉、水（10 : 1 : 10）调成糊状，将离地面 60 cm 以下主干涂白，防止成虫产卵。人工捕捉成虫，刮杀虫卵和低龄幼虫，钩杀幼虫或药杀幼虫，也可以用棉球蘸 80% 敌敌畏乳油 5 ～ 10 倍稀释液塞入虫洞或用注射器将药液注入洞内熏杀，孔口用黏土封住。5 月下旬至 8 月用 5% 锐劲特悬浮剂 500 倍稀释液喷洒树干基部及主干，以杀死成虫，减少产卵量。6 ～ 7 月天牛幼虫盛孵期，可选用 25% 天牛灵乳油 250 倍稀释液、25% 喹硫磷乳油 500 倍稀释液或 90% 晶体敌百虫 500 倍稀释液混合 25% 杀虫双 300 倍稀释液喷洒树干。

（9）柑橘小实蝇。

为害症状：主要以幼虫为害，其成虫产卵于果皮内，孵化后幼虫潜居果肉取食。但由于幼虫为害初期在果实内部具有隐蔽性，很难察觉。幼虫蛀食果肉，造成果局部变黄，而后全果腐烂变臭早落，即使不腐烂，也使果实畸形下陷，果皮硬实，对黄皮产量和品质影响很大。

防治方法：在幼果期、实蝇成虫未产卵前对果实套袋，防止成虫产卵为害。在幼虫期和出土期，用50%辛硫磷乳油800～1000倍稀释液喷施地面，可杀死入土幼虫和出土成虫；主要为害期，树冠喷洒90%晶体敌百虫或50%马拉硫磷乳油800～1000倍稀释液防治成虫，在5～11月成虫盛发期，用1%水解蛋白加90%晶体敌百虫600倍稀释液、90%晶体敌百虫1000倍稀释液加3%的红糖或20%灭扫利乳油1000倍稀释液加3%的红糖制成毒饵，喷洒果园及周围杂树树冠，10天喷1次，连喷3～4次，连续防治2～3年。

（10）红蜘蛛。

为害症状：以成螨、若螨群集叶片、嫩梢、果实表皮刺吸汁液为害，导致叶片发黄、落叶、落果，影响产量。以叶片受害为重，被害叶面密生黄白色或灰白色细小斑点，严重时斑点密布，连成一片，严重的全叶灰白，失去光泽，叶片脆薄，终致脱落，严重影响树势和产量。

防治方法：冬季结合整枝修剪，剪除过密枝条和被害枝条及病虫卷叶和虫瘿，减少越冬螨源。冬、春季加强水肥管理，增强植株抗病虫能力，这样有利于寄生菌、捕食螨的发生和流行，形成对害螨不利的生态环境。适时施药，保护新梢、花穗，减少对产量的影响，施药的重点时间应在春、秋两季，在幼螨发生期进行，药剂选用40%三氯杀螨醇乳油1000倍稀释液、20%安螨克乳油1500倍稀释液、73%克螨特乳油2000～3000倍稀释液、50%托尔克可湿性粉剂3000倍稀释液、40%螨克特乳油2500倍稀释液、5%尼索朗乳油1500～3000倍稀释液、5%速螨铜乳油1500～2000倍稀释液、40%硫黄胶悬剂300倍稀释液、45%晶体石硫合剂250～400倍稀释液等，合理交替轮换。

九、采收贮运

1. 果实成熟

黄皮果实幼果期果皮为绿色，当果实开始成熟时，果皮逐渐转为蜡黄色。充分成熟的果实着色良好，风味浓，具有品种所应有的色泽和特性，即可采收。黄皮自开花至果实开始成熟需70～100天，成熟期时间长短因品种、种植地气候等因素而不同。在广西一般在 6 月下旬至 8 月上旬成熟；早熟种在 6 月下旬采收，大部分品种在 7 月上中旬采收，迟熟种在 7 月中下旬采收，特迟熟品种可延至 8 月上中旬采收。管理正常的黄皮果园，嫁接苗种植后第二年可结果试产，第三年或第四年可投产，第七、第八年可达到丰产，株产量达 50～80 kg。

2. 适时采收

黄皮采收过早或过迟都会直接影响果实的商品价值，造成经济损失。采收过早，糖分积累少、果味偏酸、风味偏淡，甚至没有黄皮味。采收过迟，容易引起裂果、落果或日灼果，同时易被鸟类啄食；如遇骤雨则会加剧裂果，果实容易感病。

黄皮的适宜采收期应按品种和果实用途来确定。用作鲜食和加工果汁的，必须充分成熟和着色，表现出本品种的最佳风味、色泽及固有的特殊芳香，一般成熟度达 90% 以上时采收；需远距离运输销售鲜果或加工果脯等，成熟度在 85% 左右时采收，比正常采收时间提前 3～7 天；需贮藏的，甜酸黄皮转为淡黄色、甜黄皮转为青黄色时采收，成熟度约为 80%，贮藏期间果粒能继续后熟。黄皮成熟期正逢夏季多雨，为了减少骤雨后裂果、落果的损失，要抓紧抢收或提早采收。黄皮的皮较薄，果肉富含水分，汁多，肉质柔软，容易破损，采果时要轻采、轻拿、轻放、轻运，避免机械损伤。

3. 分级包装和运输

黄皮果实在常温下不易贮藏保鲜，采后不做任何处理，在常温下贮放，一般采后第二天开始失水，第三天色、香、味改变，第四天开始出现病害和腐烂，失去食用价值。若采后经冷却散去田间热，小袋包装，低温贮放，可保存 5～6 天。因此，黄皮一般即采即销售。

果实采摘后，需要就地剪除裂果、细果、畸形果、未成熟果和部分果梗，按不同品种或同品种果实大小不同分级。一般以果重为分级标准，单果重 8 g 以上为大果，6～8 g 为中果，6 g 以下为小果。按每 250 g 或 500 g 扎成一扎，或散果装入果筐、纸箱或泡沫箱，底部和四周要用软质物衬垫，运至市场销售。也可用食品盒包装单果，每盒装 250 g 或 500 g。若需远距离运输或外销，用冷藏集装箱装运，可用薄膜袋单穗包装后装入包装箱，或包装箱加冰（冰用塑料薄膜包扎）密封，包装箱容积一般以装 10～15 kg 为宜，再将包装箱装入冷藏集装箱中，冷藏集装箱的温度不宜低于 10℃，装箱时经预冷处理。

第四章 阳桃

一、概述

1. 经济价值

阳桃（杨桃）（*Averrhoa Carambola* L.）又名五敛子、五棱果、五稔、洋桃、三廉子，为酢浆草科（Oxalidaceae）阳桃属（*Averrhoa*）植物，原产于亚洲东南部，在中国的栽种史超过 2000 年。

阳桃分为甜阳桃和酸阳桃两个类型，酸阳桃树势壮旺，植株高大直立，果实味酸不易被虫害，果棱通常较薄，种子也较大。甜阳桃树势稍弱，植株较矮，为常绿小乔木，果棱通常厚，纤维少，甜酸适度，风味佳。也有个别阳桃种质酸味和甜味都较淡，属于酸阳桃和甜阳桃的中间类型，如广西玉林、贵港一带所说"水桃"，因酸味和甜味均不强烈，味道寡淡（广西方言称"淡水"）而得名。

阳桃营养丰富，清甜多汁，风味可口，酸甜适度，鲜果富含维生素 C、维生素 A、维生素 B_1、果酸、蛋白质以及钙、磷、钾、锌等微量元素和各种氨基酸等，脂肪酸含量低，且以不饱和脂肪酸为主。阳桃果实除可鲜食外，还可加工成果脯、果膏、果汁等。晋代嵇含编撰的《南方草木状》记载了酸阳桃制作果脯："五敛子，大如木瓜，黄色，皮肉脆软，味极酸，上有五棱，如刻出，南人呼棱为敛，故以为名，以蜜渍之，甘酢而美，出南海。"《本草纲目》亦有记载："以蜜渍之，甘酢而美，俗亦晒干以充果食。"

阳桃果脯

《纲目拾遗》称阳桃果脯可药用："脯之或白蜜渍之，不服水土与疟者皆可治。"阳桃的根、茎、叶、花还可入药，具清热利尿、消炎、止血止痛等功效。《岭南采药录》曰："止渴解烦，除热，利小便，除小儿口烂，治蛇咬伤症。"《陆川本草》记载："疏滞，解毒，凉血。治口烂，牙痛。"随着现代医学研究的发展，阳桃在降压降血糖及治疗婴幼儿尿布疹、急性肝损伤、糖尿病等疾病上的药用价值也不断被发掘和证实。

阳桃的花

2. 栽培现状和发展趋势

阳桃树投产早、寿命长，丰产、稳产，在国内外水果市场均具有一定的竞争力。阳桃树生长速度极快，当年春季种植的嫁接苗秋季即可开花结果，树冠基本形成。阳桃一年开花结果多次，可通过修剪等方式进行产期调节，使鲜果在水果淡季上市，获得较高的经济价值。阳桃虽原产于东南亚热带地区，但也耐寒，现在多数南亚热带地区均可种植。

阳桃在福建、广东、广西、海南、台湾、云南等地栽培较普遍。据 2018 年数据统计，我国栽培总面积约 4300 hm²，其中福建约 2100 hm²、广西约 800 hm²、海南约 700 hm²、广东约 700 hm²，其他省份栽培面积相对较少。在广西，主要分布于玉林、贵港、南宁、梧州、崇左、钦州等市。我国阳桃年产量约为 2×10^6 t，但阳桃每年的总销量达 2.6×10^6 t，说明我国阳桃生产目前还无法满足国内供给，阳桃种植仍有发展空间。

目前，主栽的阳桃品种有马来西亚系列的 B10、B17、B2 及红龙阳桃、台湾软枝阳桃、夏威夷甜阳桃、泰国甜阳桃等，还有广西壮族自治区农业科学院、广州市果树科学研究所等单位选育的大果甜阳桃 1 号、粤好 3 号等省审品种，以及

较有名的地方品种东莞甜阳桃、花地阳桃、猎德阳桃、崛督阳桃、吴川甜阳桃
（刘十阳桃）等。

二、主要栽培品种

1. 马来西亚 B17

该品种又名水晶蜜阳桃、红阳桃，从马来西亚引进。树势中等，枝条较硬。
小叶浓绿色，阔卵形至椭圆形。果长椭圆形，棱厚，单果重 200～500 g，果嘴
不突出分离；果皮少蜡质，光泽，未成熟时果皮有明显的水晶状果点，成熟时呈
金黄色；果肉爽脆化渣，酸甜适度，汁多可口，有蜜香味，可溶性固形物含量为
9.0%～12.0%，偏生采摘时果皮及果棱边缘略有涩味，成熟后品质极优。该品种
适应性较强，但花授粉率低，生产上需配种授粉树才能获得丰产。

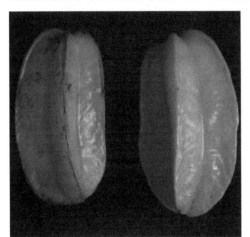

马来西亚 B17（左）和马来西亚 B10（右）

2. 马来西亚 B10

该品种在马来西亚当地称沙登仔肥阳桃、新街甜阳桃，1989 年由海南省
农业科学院从马来西亚引入试种成功，后通过海南省品种审定，定名为香蜜阳
桃，并在海南、广东、广西等地进行了较大面积的栽培推广。树势中等，枝条
开张，小枝较柔软。小叶多为 9～11 片，长椭圆形。果椭圆形至长椭圆形，棱
厚饱满；果皮金黄色，平滑光亮；果肉成熟前青绿色，成熟后金黄色。单果重
250～300 g，可溶性固形物含量为 7.0%～12.5%，品质优。经福建省云霄县植
保植检站田间调查，该品种的病虫害主要有炭疽病、赤斑病、红蜘蛛、鸟羽蛾
等，病虫害发生情况比台湾软枝阳桃、马来西亚 B17 轻。

3. 夏威夷甜阳桃

该品种由广西壮族自治区亚热带作物研究所于1991年从美国夏威夷引进。主干直立，枝条柔软，幼枝被疏柔毛，有稀疏明显的小皮孔。奇数或少数羽状复叶，小叶7～9片，卵形至椭圆形，背面被柔毛。果长椭圆形，大而饱满，单果重110～300 g，可溶性固形物含量为7%～12%；果皮黄绿色，表面光滑；果肉橙黄色，肉厚爽脆，味清甜，汁多渣少，酸涩味少；丰产性能好，果棱边缘带绿，美观。

4. 红龙阳桃（台农3号）

该品种种于2006年由台湾凤山园艺试验分所选育并命名，随后引入福建、广东、广西等地。果大且重，果皮具光泽，果肉橙红色，棱厚，棱边带绿，果嘴凹入，硬度高，耐运输，稍耐冷藏，东方果实蝇于同时期对该品种不喜为害，可稍晚套袋。其缺点是对气温变化敏感，昼夜温差较大的时节叶片易出现红褐色斑点，果表皮易出现褐化、似烫伤斑等寒害症状。另外，其有不时花的特性，结果率偏低。2014年在台湾的栽培比重占55%以上，主要供应外销市场。

夏威夷甜阳桃（左）和红龙阳桃（右）

三、生物学特性

阳桃为常绿乔木，高可达14 m，分枝甚多，萌枝力强，一般每年萌枝4～6次，多集中在3～9月，若条件适宜，周年可抽梢，新梢生长无明显的间歇期。树皮黄色、暗灰色或黑褐色。奇数羽状复叶互生，长10～20 cm；小叶5～13片，全缘，狭披针形、披针形、棱形、纺锤形、长椭圆形或椭圆形，长3～7 cm，宽2～3.5 cm，叶尖钝尖、渐尖或急尖，基部圆；除顶端一小叶外，两侧叶多为不对称，向一侧歪斜，腹面绿色或深绿色，背面淡绿色，疏被柔毛或无毛，小叶柄甚短。花小，微香，数朵组成聚伞花序或圆锥花序，腋生或着生于枝干上，花枝和花蕾多为紫红色。浆果肉质，下垂，5 棱，少数 6 棱或 4 棱，横切面呈星芒状，长 5～8 cm，淡绿色、黄色或橙黄色。种子棕色或黑褐色。

不同形状的阳桃果实

阳桃的根系包括主根、侧根和须根，主根发达，侧根多而粗大，须根也多。根系生长受气候、土壤及栽培管理状况等因素影响，新根的生长期因地区不同而有所差异。广州、南宁、玉林等北回归线附近的地区，阳桃根系生长期约为 270 天，而在海南南部，根系生长无明显停歇期。野生阳桃非常长寿，树龄可达百年以上，根系仍然生长旺盛。目前调查到的广西树龄最老的阳桃树位于钦州市浦北县北通镇兰田村，树高 14 m，主干周长 3.98 m，冠幅 10 m×12 m，据浦北县林业局 2018 年估测，该阳桃树树龄约为 450 年，树势仍然旺盛。

四、种苗繁育

阳桃苗木繁育的方法主要有嫁接和高空压条（也称圈枝或驳枝）。但高空压条的方法效率低、成本高，成活率也不如嫁接高，且对定植技术要求较严格，不适合用于种苗的大量繁殖。嫁接繁殖技术成本低、效率高，在进行阳桃优良品种苗木繁育上多采用嫁接的方法。

1. 砧木培育

酸阳桃植株长势旺盛，耐寒、耐旱性较强，与甜阳桃嫁接亲和力强，对接穗品种的产量和品质尚未发现有不良影响，故通常采用酸阳桃实生苗作砧木进行嫁接育苗。砧木种子要选自植株生长健壮、果大、果多的酸阳桃母树，种子从成熟果实中取出后洗去外部胶质，去掉干瘪和发育不良的种子，摊开在通风干燥处晾干，不宜暴晒或烘干，也可用洗净的新鲜种子直接播种。阳桃种子含油量高，容易招致鼠害，处理种子和播种后萌发前要注意防鼠。

阳桃苗圃宜选择较平整、排灌方便的地块，不宜选用低洼地，忌积水。阳桃幼苗不耐寒，苗圃地宜选背风向阳的缓坡地，以有机质丰富、疏松肥沃的沙壤土为宜。沙土保水保肥性差，黏土透气排水性能差，均不宜作育苗地。

阳桃播种时间可选择春季或秋季。春播一般在 2 ～ 3 月进行，可避过冬寒，但发芽率较低，成苗较迟。秋播在 10 ～ 12 月进行，种子发芽率较高，且翌年秋季即可嫁接，但冬季需保温防寒。

播种时可选择苗床育苗或育苗杯育苗。

苗床育苗先将苗圃地表土翻晒，耙碎，除去杂草等，施适量有机肥或农家肥拌匀，筑成宽 1 ～ 1.2 m、高 15 cm 以上的苗床。用甲基托布津或多菌灵进行土壤消毒。阳桃种子可不浸种直接播种，如浸种不宜超过 4 小时。苗床育苗按株距 15 ～ 20 cm、行距 20 ～ 25 cm 进行播种，播后覆盖 2 ～ 3 cm 厚的细土。盖土时不能太厚或太薄，太厚（超过 5 cm）将严重影响种子的萌发，太薄则淋水时种子易浮出土壤。盖土后浇透水，可再盖草或农膜以保湿增温。

如采用营养杯育苗，营养土不能过于松散或板结，保水和保肥性能要好。营养土拌入适量有机肥或复合肥后，拌匀、打碎、消毒后装袋。为方便管理，装好的营养袋最好按苗床的长、宽分块摆放。营养袋可选用直径 10 ～ 15 cm、高 18 ～ 25 cm 的塑料营养杯。装袋不能过满，营养土应低于袋口 1 ～ 2 cm，每个营养杯点播 1 ～ 2 粒种子，深约 2 cm，播后加盖塑料薄膜。

采用育苗杯培育阳桃苗

播种后要保持土壤湿润，每 2 ～ 3 天淋水 1 次，如遇高温干旱天气适当增加淋水频率。注意加强病、虫、鼠、草害防治，在周围应撒防虫、防鼠药。

　　苗高 10 ～ 12 cm 时用稀薄粪水追肥，每 10 天左右施 1 次，幼苗发梢后每月施肥 1 次，浓度加倍。也可用 0.2% ～ 0.5% 的尿素或复合肥水液加农药混合喷施。后期根据苗木情况进行施肥、灌溉。春播苗天气变热后注意加遮阳网降温防晒；秋播苗天冷时宜盖塑料薄膜保温越冬。平时注意及时除草松土。待苗高 70 ～ 80 cm、离地面 15 cm 处的茎粗达 0.8 ～ 1.0 cm 时即可嫁接。

　　2. 接穗选择及嫁接方法

　　采穗的母株要求生长健壮，长势旺盛，无传染性病害。阳桃接穗宜选用树冠外围向阳面的 1 ～ 2 年生枝条，健康粗壮、芽眼饱满、节间较密集为佳，不宜选用荫蔽枝、弱枝、挂果或刚收果的枝条。接穗枝采下后，去掉顶芽及过细的枝条部分，剪去接穗上的叶片，仅留 0.3 ～ 0.5 cm 长的叶柄，用塑料薄膜或湿毛巾包好，保持接穗的新鲜。接穗最好随剪随接，如需从外地采取接穗，可将接穗扎成直径 5 ～ 7 cm 的小捆，外面用湿毛巾或湿纸巾包裹，并注意透气和及时补水，防止接穗失水或发热。同时要严格做好检验检疫工作，防止危险病虫害传播。

　　阳桃常用的嫁接方法有切接法、劈接法和靠接法。

　　（1）切接法。切接法最常用，不受季节、砧木大小的限制，在春季和秋季均可适用，且萌发快，能缩短育苗周期。

　　剪砧木：嫁接前先将砧木离地约 20 cm 处剪断，砧木上保留一条分枝作抽水枝，或保留 3 ～ 5 片叶。随后在砧木剪口以下向后上方斜削一刀，削面约成 45°，然后在斜面的下方沿形成层与木质部交界处略带木质部向下纵切一刀，切口宽度与接穗斜面木质部宽度基本一致，切面长度等于或略短于接穗长削面。注意切面要平整光滑，以稍削去木质部深至形成层为宜。

　　削接穗：接穗 5 ～ 8 cm，大小尽量与砧木一致或略小于砧木。接穗基部向下，以枝条较平直的一面做长削面，用嫁接刀在紧靠芽下方下刀，平滑面向上削去皮层，可略带木质部；接着将接穗翻转，在另一面的芽眼下方约 1.5 cm 处下刀，45° 倾斜向前削断枝条，削出短削面。削面要平整光洁不起毛，深度不够的要补削调整。接着将削好的接穗倒转，接芽向上，在芽的上方约 0.5 cm 处剪断枝条。

　　插接穗：将削好的接穗长削面紧贴在砧木削面上插入砧木切口内，使接穗形成层与砧木切口形成层相互对准，如砧木与接穗粗细不一致，至少要一边对准，如此接穗的形成层和砧木的形成层才能愈合生长在一起。

绑嫁接膜（带）：用嫁接膜或嫁接绑带自下而上覆瓦状扎紧封严嫁接部位，防止移位。最好将接穗全部包裹，防止雨水浸入嫁接口或过于干旱使接穗失水，同时防止害虫叮咬接穗上切口。绑嫁接膜（带）时在接口部位宜拉紧嫁接膜，多缠几圈；往上缠接穗时则宜将嫁接膜展开，尽量只包裹一层，以保证接穗新芽可顺利冒出。

（2）劈接法。

剪砧劈砧：该嫁接法成活率很高，是最常用的嫁接方法之一。砧木最好在一年生以上，但砧木过老成活率也会降低，以距地面 15 ～ 20 cm 处的茎粗达0.8 ～ 1.2 cm 为宜。将砧木距地面 10 ～ 20 cm 处剪去上部，剪口以下最好保留3 ～ 5 片叶或一根分枝，不宜过高或过低。在剪好的砧木横切面宽度与接穗直径相当的地方，向下纵切深 1.5 ～ 2 cm 一刀。

削接穗：剪取 4 ～ 7 cm 长，含 1 个以上饱满芽眼的接穗，用嫁接刀将接穗下端两侧削成约 30° 的楔形斜面。斜面长 3 cm 左右，尽量不靠近芽眼。

插接穗：快速将削好的楔形接穗对准砧木形成层插紧，如果接穗粗细与砧木纵切口处宽度不一致，则将一侧的形成层相互对齐即可。

绑嫁接膜（带）：嫁接膜或嫁接绑带的绑法基本与切接法相同，自下而上平整缠绕，将嫁接部位扎紧封严，绑带或嫁接膜交叠部位尽量避开接穗芽眼，芽眼位置只绑单层，利于发芽。

（3）靠接法。靠接法常用于一般嫁接方法不易成活时，或需要挽救垂危树木、盆栽果树，以及想要快速获得大规格苗木时。使用该方法嫁接时，将砧木和接穗靠在一起相接，故叫靠接。由于砧木和接穗都在不离体的情况下嫁接，可以依靠自身的根系获取养分，因此嫁接成活率较高。缺点是不够便捷，必须要把砧木和接穗母树放在一起，在砧木或接穗母树不是可挪动袋装苗或盆栽苗的情况下，需提前 2 ～ 3 周将实生砧木植于靠接的接穗母树旁，待砧木恢复生长后再进行靠接。

切削砧木与接穗：选取母树上直径为 0.3 ～ 0.5 cm 的健壮枝条作为接穗，拉压靠近砧木预作为嫁接口处，将砧木和接穗在相对的部位各切削一个长3 ～ 4 cm 的伤口，双方伤口形状、大小相当。伤口不用过深，削去皮层即可。

结合绑紧：将砧木和接穗按同样的生长方向将伤口合靠在一起，形成层相贴，再用嫁接膜或嫁接绑带将结合部位捆紧。

接合处遮阴防晒，40 ～ 60 天成活后将接穗剪离母树。

3. 嫁接苗管理

嫁接一星期后检查成活情况，发现接芽因嫁接膜过度束缚影响冒芽的，可用小刀在膜上挑出一个小口帮助接穗冒芽。接穗冒芽后，注意将砧木上的萌芽及时抹除，保证养分集中供给接穗部分。

嫁接苗的管理中，水分管理及病虫害防治是关键。注意及时淋水灌溉保持土壤或营养泥湿润，大水喷淋易造成接穗折断或接口感染，最好漫灌或细水浇淋。嫁接苗成活前不能施肥，同时要注意除草除虫，保护接口和接穗，避免被蚂蚁、蚂蚱等咬破膜带损伤接穗。

嫁接成活后及时剪去砧木上之前保留的抽水枝，并随时抹去砧木长出的萌蘖。成活后 15～20 天可施稀薄液肥或粪水，每月 1 次。嫁接 20～30 天后确认成活的可进行解绑，用小刀在绑嫁接膜部位顺着接穗方向将膜带划开即可。及时解绑有利于嫁接位的愈合生长，防止出现勒脖子现象。嫁接苗接穗新梢茎干木栓化部分长约 15 cm 时便可出圃。

五、果园建设

1. 园地选择

阳桃的适应性较广，在年降水量 1500～3000 mm 的地区均可种植。最适宜种植区域为亚热带地区，但在亚热带以北地区冬季利用塑料大棚增温栽培，亦能安全越冬，并正常开花结果。阳桃对土壤的要求不严，在各种土壤中均可生长，但以土层深厚、肥沃疏松的土壤为佳。阳桃不耐盐碱，土壤 pH 值以 5.5～6.5 为好。

2. 果园规划及建园

（1）果园规划。选择土层深厚、土质疏松、湿润、微酸性至中性、有机质含量丰富的壤土或沙壤土，且较静风、排灌方便、交通便利的平地或平缓坡地（坡度小于 15°）建园。

建园前，先进行实地勘测，根据勘测结果进行果园的规划与设计，主要包括栽植区的划分，道路、农资仓储间等建筑的设置，排灌系统的规划等。

划分栽植区应考虑方便运输和机械化操作、便于规避风害、利于防止土壤侵蚀冲刷、小区内气候光照等因素，基本条件应一致。园地为平地时，小区面积可达 8～12 hm^2；园地为自然条件差异较大的山地时，可 1～2 hm^2 划分 1 个小区。小区形状以长方形为宜，长边应与害风方向垂直。

道路主干道应贯穿全园并与园外大路、果品包装场、农资仓储间等相接，以便运输产品和肥料等农资，路面宽 5 ～ 8 m。支路安排在大区、小区之间，一般宽 4 m 左右，以能并行两部动力机械为限。区间小道应与支路垂直相接，宽度大于 1 m，视园区具体情况铺设。

　　排灌系统包括灌溉系统和排水系统。目前灌溉系统常用的灌溉方式为喷灌和滴灌，喷灌可降低树冠温度，同时该喷灌还可用来喷药，能减少用工，节省成本，缺点是受风的影响较大。滴灌可比喷灌节约一半的用水量，且可以实现水肥一体化，但成本较高。果园排水系统的规划，应充分考虑地形、排水出路、现有排水设施等因素，一般包括集水沟、排水支沟和排水干沟。小区内积水通过集水沟排放到排水支沟中，再由排水支沟汇集到排水干沟，最后排到果园外的沟渠或河流。

阳桃园喷灌系统

　　（2）整地建园。清除园区杂草、树木后，便可翻耕、平整土地。如在平地或缓坡地建园，应进行一次深翻全垦、充分犁耙后再平整土地。平整后起畦种植，并留出供管理、施肥、采收运输的通道。如在坡地或山地建园，可根据等高线开梯田；坡度较大的，用片石或草皮泥垒护土墙，保土保肥。如土壤为黏性重的黏土或石砾土，应适当进行改土。

3. 定植

一般在春季（3～5月）种植，在灌溉条件较好、冬季无寒害的亚热带地区，秋季亦可定植。苗木宜采用嫁接苗，株距2～3 m、行距3～5 m，同品种中间种植数株异品种授粉树。挖长、宽、深各0.8～1 m的植穴，施入腐熟有机肥25 kg、过磷酸钙1 kg作基肥。定植时以植株为圆心在周围修半径0.5 m左右略高出地面的树盘，淋透定根水，有条件的可盖草保湿，立小竹竿防风。

六、整形修剪

1. 幼树整形

定植成活后，在树干距离地面60～80 cm处短截，并剪除主干基部的萌蘗。在萌发的新梢中选留4～6条作主枝。阳桃枝细、韧，需要用竹竿支撑，细绳拉吊使主枝、副主枝均匀分布，培养层状排列的树冠。主枝上抽出副主枝，应从小培养向下弯垂。幼树尽量保留枝梢，仅短截过长营养枝，树高控制在3 m以下。

2. 结果树修剪

阳桃修剪尽量保留中下部枝条，内腔枝修剪留2 cm的短枝桩。一般10年生以下的结果树，剪除基部结过果的细弱小枝，疏除树冠顶部过密枝条，短截过长枝条。10～15年生树疏除顶部大量的徒长枝，使树冠形成开心形。阳桃修剪短截后留下的枝桩也能开花结果，因此在修剪内部萌生枝时一般不从基部剪除，而留2 cm的枝桩。每年修剪3次。第一次（2～3月），采果后老叶枯落期，短截或剪除枯枝、徒长枝、过密枝、弱枝、老化枝。第二次（5～6月），在花蕾抽出前40天左右，剪除生长过旺枝、过密纤弱枝，并结合疏果。第三次（9～10月），方法同第二次，结合疏果。

阳桃树整形修剪应当依据其本身的特性，因势利导，不必要求全部一致。如果一味按照理想的模式去修剪造型，不但费时费力，而且果品不佳，事倍功半。整形修剪除考虑果树本身特性外，还要根据具体的地理位置、地形、气候等外部因素，以及采用的栽培设施，培养有利的树形。如在风害比较大的园区，可选择倒圆锥形的树形；土壤贫瘠、水肥条件差的园区宜采用自然圆头形；而水肥条件较好的园区，可采用主枝双层自然开心形；大棚栽培的条件下，树形不宜过高，以开心矮化树形为佳。此外，修剪还要考虑经济成本，尽量做到简单易行，省工省力，减少能耗，提高经济效益。

七、水肥管理

1. 施肥管理

（1）幼树施肥。一般薄施勤施，定植成活后每半个月薄施人畜粪尿水（稀释 5 倍）或尿素液肥加入少量钾肥。12 月下旬结合扩穴施有机肥 10 kg，过磷酸钙 0.5 kg，以增强树势，提高植株抗寒力。

（2）结果树施肥。第二年可以按成年树施肥，进入结果期，每年 5 ～ 11 月，营养生长与生殖生长同时进行，需肥量大，结果树的施肥量随产量增加而增加，以有机肥为主，适当施用化肥。一般每年施 4 次肥，即促梢促花肥，在 3 月（最后一批果采收前）施用，以有机肥结合速效氮肥，结合施用畜粪肥加过磷酸钙 25 kg/ 株、复合肥 0.5 kg/ 株、尿素 0.5 kg/ 株，施后 10 天灌水 1 次；壮花壮果肥，5 ～ 6 月果实有拇指大时，用过磷酸钙、花生饼、人粪尿按 1：2：100 的比例沤制，每株用 15 ～ 20 kg 兑水 1 倍环施或穴施，或株施复合肥 0.5 kg；促熟肥，为使果实早熟和提高品质，在每茬果将要成熟前 20 天施 1 次速效复合肥，并适当减少灌水；过冬肥，11 ～ 12 月施重肥，结合扩穴，以有机肥为主，株施有机肥 30 kg、过磷酸钙 1 kg、钾肥 0.5 kg。

阳桃树施肥

2. 水分管理

阳桃积水易烂根，雨季注意排水，低洼地和平地果园应起畦种植，雨季前要疏通、修整排水沟，保证果园内排水系统的通畅。阳桃属浅根性，怕旱。幼龄树

7 天无降雨应灌溉 1 次。成龄树在 11 月至翌年 4 月旱季视干旱情况进行灌水，干旱时间持续较长时，早晚对果树进行灌溉。开花前一个月、花期以及果实膨大期，要特别注意水分的管理，应保证水分供应充足，以保花保果，促进果实膨大，保证果实正常成熟。

八、花果管理

1. 疏花疏果

开花前，根据花蕾着生情况疏去过密小花。稀疏花也要均匀抹疏，使果实均匀分布。谢花后，在果蒂下垂时结合修剪分 2 次进行疏果，先疏病虫果、畸形果和过密果，之后视树势、结果情况疏除部分发育不正常果，使果实在树上分布均匀。初结果树一般每株留果 15～20 个；植后 5～6 年，进入高产期的每株留果 50～60 个；树壮、肥水足的果园每株可留果 70～80 个。以后根据树势逐年增加挂果。

2. 果实套袋

果实套袋技术能有效减少病虫害为害和有害物质的污染，提高果实外观质量和内在品质，是阳桃无公害栽培最为关键的技术措施之一。此外，相关研究数据显示秋冬季套袋能缩短阳桃果实生育期；而夏季套袋则正好相反，可以延长果实的生长发育期，将成熟期推迟 7 天以上。

在阳桃果实接近定形时用透明薄膜袋或蜡质纸袋进行套袋。阳桃的果梗较细，套袋时应小心操作。用蜡质纸袋操作时，纸袋上的铁丝最好可以缠到着果的枝条上，有利于抵抗外力对果梗的拉扯。

套袋材料方面，塑料袋套的阳桃果实涩味和酸味高于纸质套袋，但白色塑料袋提高单果重效果较好；白色纸袋在提升果实外观，果实着色均匀度方面效果较佳，但成本较高；而黄色防虫果实袋防虫效果较好；果农则多采用成本低、套袋操作简便的透明塑料袋。

九、病虫害防治

1. 病害防治

（1）炭疽病。

为害症状：阳桃炭疽病的病原菌为半知菌纲毛盘孢属。主要为害果实，叶片也可发病。受害果发病初期果面出现黑褐色小圆斑，扩大后深入果实内部组织，病斑颜色加深且略凹陷，表面产生大量橘红色的分生孢子堆。后期多数病斑愈合，但果实皱缩、变形、易掉落。严重时导致全果腐烂发酵，散发出酒味。受害叶片产生边缘呈紫红色的圆斑，严重时可导致大量落叶。

防治方法：清除落果、病果及病叶，集中烧毁或深埋。开花期前用 80% 代森锰锌可湿性粉剂 600 倍稀释液每隔 7 天喷施 1 次。幼果期喷施 70% 甲基托布津可湿性粉剂 800 倍稀释液或世高。生长期喷 0.5% 波尔多液 2～3 次。新叶发病初期用 50% 多菌灵 800～1000 倍稀释液和 75% 百菌清 600～800 倍稀释液，交替喷施 2～3 次，每 10 天喷 1 次。果实成熟前 30 天，套防水纸袋，套袋前 1 天喷防治病虫混合药剂 1 次。

（2）赤斑病。

为害症状：阳桃赤斑病病原菌为真菌，主要为害叶片。发病初期受害叶片出现细小黄点，后逐渐扩大，呈圆形或不规则形，病斑中部暗赤色或紫褐色，边缘赤色，斑外有黄色圈。后期中部变为灰褐色或灰白色，组织枯死。严重时病斑密布，叶片变黄脱落。

防治方法：加强管理，增强树势，提高树体抗病力。冬春两季结合修剪清园，将病残落叶集中烧毁，并翻耕土面，消灭越冬病原菌。新梢展叶期选用 70% 甲基托布津可湿性粉剂 800～1000 倍稀释液或 0.1% 多菌灵溶液喷施 2～3 次，每 7～10 天 1 次；或用 40% 氧氯化铜悬浮剂 + 80% 代森锰锌可湿性粉剂（1∶1）800 倍稀释液喷施新梢 2～3 次，每隔 10～l5 天 1 次。台风或暴雨后喷 0.5% 波尔多液。

（3）煤烟病。

为害症状：阳桃煤烟病的病原菌主要是以介壳虫、蚜虫、叶蝉等害虫分泌物为生的寄生菌，主要为害叶片、枝条及果实。被害部覆盖一层黑色绒状薄膜，阻碍叶片进行光合作用。虫害发生严重时，该病发病也严重。果实被害时先在果蒂部分出现症状，随后向下蔓延，导致果实生长发育受阻，果实变形。

防治方法：加强果园管理，做好蚜虫、介壳虫、叶蝉等害虫的防治工作。防治虫害时，在杀虫剂中加入高锰酸钾 1000 倍稀释液喷杀。发病后，用石硫合剂、半量式波尔多液或二硫化氨甲酸盐溶液进行喷雾防治。疏果套袋，套袋时扎紧袋口，打开底部排水孔。

2. 虫害防治

阳桃害虫主要有果实蝇、鸟羽蛾、黑点褐卷叶蛾、蓟马、胶蚧、星天牛等。

（1）东方果实蝇。

为害症状：东方果实蝇是为害阳桃鲜果的最大虫害，其雌虫产卵于寄主果实上，孵化幼虫于果肉内蛀食，造成果实腐烂、落果，严重影响果实品质及产量。东方果实蝇幼虫初孵化乳白色，后呈淡黄色，约 1 cm 长，半透明，细长圆锥形，头部尖小，尾端圆钝，老熟幼虫体长 8～10 mm。成虫体长 7～8 mm，头部黄褐色，躯体黄黑相间；展翅长 14～16 mm，翅脉褐色，前翅具有黑色斜纹。蛹长约 5 mm，椭圆形，淡褐色，有光泽。该虫一年可发生 8～9 代，无明显越冬现象。

防治方法：物理阻隔。给果实套袋是防治东方果实蝇发生为害最有效的方法之一，但比较耗费人力物力，成本较高。另外，网室栽培或隧道式栽培也是阻隔害虫为害的防治策略之一，但受限于果树高度，成本也较高。化学防治。在成虫产卵盛期，选用 48% 乐斯本乳油 2000 倍稀释液、75% 灭蝇胺可湿性粉剂 1500 倍稀释液、50% 库龙乳油 1500 倍稀释液、10% 氯氰菊酯 2000 倍稀释液或 90% 晶体敌百虫 1000 倍稀释液加 3%～5% 糖醋溶液均匀喷树冠。最好每公顷添加 0.5 kg 蛋白质水解物，以增强药效。诱杀法。利用诱导剂或食物诱饵来诱杀果实蝇。可用 97% 甲基丁香酚加 3% 二溴磷溶液浸泡吸水材料制成诱虫板诱杀雄虫，按每平方千米挂 50 块，每半个月换 1 次。也可利用果实蝇常取食的食物诱杀，目前应用的方法有以蛋白质水解物或鲜果（汁）加杀虫剂，放置于诱虫器内，可同时诱杀雄、雌虫，不足之处是需经常更换诱饵，且诱引距离短。

（2）鸟羽蛾。

为害症状：鸟羽蛾俗称白纹、红线虫，翅膀酷似羽毛，展翅长约 1.5 cm，足细长。主要为害新梢、嫩叶和花穗。开花前成虫产卵于叶背，开花时淡绿色幼虫孵化，啃食花器后虫体变为红色，红线虫的名称由此而来。严重时花果受害率达 50%～60%，造成大量减产。

鸟羽蛾成虫

防治方法：开花前 1 周，用除虫菊酯类或速灭杀丁 1000 倍稀释液喷树冠，每 4 ~ 5 天喷 1 次，直至幼果转蒂下垂。开花期连续喷鱼藤精 600 ~ 800 倍稀释液或喷敌百虫 800 ~ 1000 倍稀释液。若遇上姬蜂及黄金蜘蛛等天敌活跃时期，则可不用药，应用天敌防治更加生态环保。

（3）粉蚧。

为害症状：全年均可为害，一年发生 6 ~ 7 代。成虫淡黄色，或略带灰色、淡绿色，遍体被白色蜡粉。雌成虫刺吸式口器，无翅。雄成虫有翅无口器，前翅较大，后翅退化为平衡棍，足较雌成虫发达，腹节末端有性刺。平常零星分布在光照不足或通风不良的枝叶或果实上吸食汁液，阳桃套袋后的果蒂部位为其最佳繁殖场所。其卵淡黄色，半透明，为椭圆形，多成堆分布在白色分泌物中。其蜜露还可引发煤烟病，影响被害果实外观及品质，严重时导致落果或枝叶干枯掉落。

防治方法：做好冬期整枝清园工作，注重果园采光通风，可减少翌年虫害发生。在卵孵盛期，选用 50% 马拉硫磷 800 倍稀释液、25% 亚胺硫磷 400 ~ 600 倍稀释液、25% 杀虫净 400 ~ 600 倍稀释液或松脂合剂（烧碱∶松香∶水 =2∶3∶10）10 ~ 15 倍稀释液喷杀，每隔 10 ~ 15 天 1 次，连续用药 2 ~ 3 次。

（4）叶螨。

为害症状：叶螨又称东方叶螨，一年可发生 20 ~ 25 代，每代 6 ~ 12 天，尤其以 10 月至翌年 2 月发生最为严重。雄成螨体呈菱形，橘黄色，足较长。雌成螨椭圆形，黄绿色或绿色，体型小难辨认。雌虫寿命约 18 天，可产卵 30 ~ 40 粒，卵多产于叶背主脉两侧。卵扁球形，红色，有光泽。幼虫、若虫及成螨均吸食叶片汁液，被害部位呈淡黄绿色或灰白色斑点，严重时叶片枯黄脱落，枝条干枯，植株生育受阻。

防治方法：用天敌罗氏小黑瓢虫进行控制。害虫发生时，选用 2.8% 联苯菊酯乳剂 2000 倍稀释液、21% 得克乳剂 1200 倍稀释液或 50% 得氯可湿性粉剂 1200 倍稀释液，每 7 天喷施 1 次，采收前按规定停止用药。也可用 42% 三氯杀螨醇或 55% 炔螨特，每 7 ~ 10 天喷 1 次，连喷 2 次。

（5）星天牛。

为害症状：星天牛一年发生 1 代，以幼虫为害枝干基部及叶片。其幼虫乳白色，头部黄褐色，背面和侧面呈黄褐色。成虫体呈黑色，前胸和翅鞘上有白色星状斑点，触角自鞭节起每节基部呈白色。一般每年 3 ~ 4 月，星天牛成虫在树干

20 ～ 80 cm 处咬破树皮后产卵，卵经 7 日左右孵化，幼虫先盘食皮层内侧，后蛀食木质部，造成若干弯曲隧道，隧道口可见排出的木屑及虫粪。严重时叶片黄化凋落，枝干枯死，甚至整株死亡。

防治方法：越冬前，在树干 1 m 以下涂石灰乳剂。幼虫蛀食树干时期，用钢丝将其钩杀；或将棉花塞入虫道，用注射器往内注射 80% 敌敌畏乳油或 40% 乐果乳油 5 ～ 10 倍稀释液，再用黄泥封口，毒杀幼虫；人工捕杀成虫。

星天牛的幼虫

星天牛在阳桃树干上的蛀道（左）、蛀道口及木屑虫粪（右）

3. 其他为害

（1）桑寄生。

为害症状：桑科植物的果实被小鸟取食后，经过小鸟消化道的种子同鸟粪一起落到阳桃树枝、树干上，萌发后不断生长，长出气生根紧紧吸附在寄主树皮上，通过气生根从寄主上汲取养分，此为桑寄生。阳桃上的桑寄生多为榕寄生，叶片绿色，小枝灰褐色，根黑褐色。阳桃树被寄生后，因自身养分被寄生吸收，加之叶片被寄生植物的叶片遮挡阳光，光合作用受影响，导致树势不断减弱，严重者甚至老化枯死。

防治方法：发现寄生后，及时将所有吸附在寄主上的寄生根系连同植株一起剥离阳桃树体，或者直接将被寄生的部位修剪或伐掉。

阳桃树上的桑寄生

（2）鸟害。

为害症状：阳桃果实成熟时多为颜色鲜明的黄色，以麻雀为主的一些鸟类对颜色非常敏感，阳桃果实开始转色变黄时便能发现，随之对成熟果实进行啄食。阳桃果实被鸟啄食后完全失去商品价值。

防治方法：在果园内安装驱鸟器，对麻雀等鸟类进行驱赶。

十、采收、贮藏保鲜

1. 采收

阳桃开花至果实成熟约需 80 天，谢花后 15 天果实迅速膨大，50 天后生长缓慢。远销的阳桃一般在果实由青绿色变浅绿色时采收，而近地销售则可待到红黄色时再采收，但一般天气较冷时如 11 ～ 12 月成熟才留红果。7 ～ 8 月采收的头造果生长发育期雨水较多，果实含水量大，果肉组织疏松，易腐烂，一般不宜留红果。采收阳桃应选在晴天进行，尽量避免在高温时间采收。采果时小心轻放，避免一切机械伤并防日晒。采收下来的阳桃，应尽快进行挑选分级，将坏果、次果挑出，并按个头大小、果形进行分拣。

2. 贮藏保鲜

阳桃灭菌可延长贮藏期。可采用水果采后保鲜剂、0.1% 高锰酸钾溶液、

3% ～ 8% 硼酸溶液或 600 mg/L 漂白粉溶液，常温下将果实浸泡数分钟进行灭菌，捞出后清水洗净晾干。

常用的阳桃贮藏保鲜方法有低温贮藏、气调包装、涂膜处理和化学保鲜等技术。

（1）低温贮藏。5℃是阳桃果实的适宜贮藏温度，新鲜阳桃采后迅速进入贮温（5±0.5）℃、湿度 90% ～ 95% 的湿冷系统，可保持阳桃较高的果实硬度，延迟果皮转色，减少果实失重和腐烂，使果实仍能满足商业需求。

（2）气调包装。阳桃消毒后用塑料保鲜袋包装，可明显推迟阳桃果皮黄化，保持较高的果实硬度和营养成分，延缓果实衰老。一些专家认为微孔袋能自发气调，维持一定的 CO_2 和 O_2 比例，对阳桃保鲜效果优于密封袋。

（3）涂膜处理。采用打蜡、涂膜等方法在果实表面形成一层具有选择通透性的保护膜，减缓其呼吸速率，减少水分损失，延缓衰老，从而延长果实贮藏期。打蜡可采用纳米果蜡或 2% ～ 6% 棕榈蜡，涂膜材料可采用 1.0% 壳聚糖 + 1.5% 维生素 C、1.5% 壳聚糖 + 1.0% 氯化钙、2% 大豆分离蛋白 + 1.2% 凝胶多糖 + 1.0% 甘油 + 0.5% D- 异抗坏血酸钠或 2% 羧甲基甲壳素 + 1% 单硬脂酸甘油酯 + 1% 苯甲酸钠等复合涂膜液。

（4）化学保鲜。用防腐剂、保鲜剂处理阳桃以达到保鲜效果。可用浓度 ≤ 0.07 mL / kg 仲丁胺熏蒸杀菌，或用 0.05～0.10 mol/L 的氯化钙溶液真空浸渗处理结合保鲜袋包装，或用 1% 的氯化钠溶液浸泡 10 秒，晾干之后用聚丙烯薄膜袋打孔包装，也可根据果实黄化程度用 50～200 g/L 浓度的 1-甲基环丙烯处理阳桃果实，延长果实保鲜期。

经挑选、分级、消毒及装袋后，用发泡塑料网袋套装，再装进无毒塑料或可降解纸质制成的格盘格子内。之后用四周带孔的纸箱或者木条箱装箱，运输投放市场。福建地区采用切割后带五棱孔的发泡塑料板做内包装，可以很好地隔开并固定阳桃果实，相比网袋能更有效防止机械损伤。

第五章　橄榄

一、概述

1. 广西栽培历史与资源分布

橄榄 [*Canarium album*（Lour.）Raeusch.] 又名白榄、青榄、青果、山榄，原产于我国南方，是特有的亚热带水果之一，属橄榄科（Burseraceae）橄榄属（*Canarium*）乔木。橄榄属植物约有 75 种，在我国分布的有 7 种，其中在广西分布的有橄榄、乌榄、方榄。本章主要介绍橄榄的生产技术。

广西橄榄种植历史悠久，主要产区为钦州、南宁、玉林、梧州等地，但由于长期以来橄榄生产没有得到足够重视，加上人为破坏，橄榄资源越来越少。目前，广西规模化种植的橄榄较少，主要呈零星栽培或半野生状态，多以实生繁殖为主，后代变异系数大，遗传资源丰富。

橄榄在广西分布广，主要分布在北纬 24° 以南，即南宁、玉林、钦州、贵港等地，以横州、博白、浦北、桂平居多，其他地区仅有少量分布。

据 2017 年古树名木普查数据，浦北县共有橄榄古树 662 株、橄榄古树群 1个。其中树龄在 300 ～ 499 年的二级古树 1 株，树龄在 100 ～ 299 年的三级古树551 株，树龄在 80 ～ 99 年的准古树 110 株。这些橄榄古树全县各镇都有分布，大多生长于村屯房前屋后。

2. 经济价值

橄榄营养物质丰富，研究表明，橄榄中钙和黄酮的含量极高，每 100 g 鲜果含生物有机钙 200 ～ 700 mg、黄酮 2% ～ 4%。橄榄为硬质果肉，鲜食时，爽口清香，风味独特，初吃时味涩，久嚼后，香甜可口，余味无穷，能增进食欲，舒畅神志，老少皆宜。除鲜食外，"捣榄子""拷扁榄"工艺流传已久，橄榄凉果、橄榄月饼、橄榄醋、橄榄茶、橄榄冻干果粉等休闲食品以及相关保健品、化妆品的开发，提升了橄榄的附加值。

橄榄在《中华药典》中是药食两用果类，具有清肺、利咽、生津、解毒的功效，主治咽喉肿痛、咳嗽痰黏、烦热口渴。现代药学研究表明，橄榄具有清凉解毒、抗菌消炎、清咽利喉、保护肠道黏膜和解酒护肝、中老年人补钙、抗乙肝病毒、预防糖尿病、清除自由基、降压解脂、抗氧化、肉类食品护色等作用。

此外，橄榄的根、果、仁、核均可药用，橄榄仁和果肉可榨油，橄榄木可供建筑和造船用，种子可作雕刻工艺品、制成活性炭。

二、主要栽培品种

橄榄的农家品种资源丰富，品种繁多，发源于福建闽侯橄榄品种系统的有檀香、檀头、思圆、自来圆、黄大、长梭、长穗、长营、羊矢等；发源于福建莆田橄榄品种系统的有公本、刘族本、下溪本、黄接木、黄柑味、白太、厝后本、橄榄干、六分本、一月本、尖尾钻、糯米橄榄、黑肉鸡、秋兰花等；发源于广东普宁橄榄品种系统的有冬节圆、红心种、赤种、洞仔赤、盐埕、香榄、什赤、青皮大粒种、丁香榄、甜榄、乌皮酥肉、乌皮青榄、豆仁种、过山种、黄金丝、齐头种、蟹目种、土种等，还有汕头的汕头白榄、火夫堡榄、饶平下院榄、潮阳三棱、意溪青皮等；发源于广州郊区的有茶滘榄、猪腰榄、鹰爪指、尖育、大头黄、三方、黄仔等；另外，还有茂名、高州的香榄等。

1. 主栽品种

广西橄榄主栽优良品种以三捻橄榄为主。三捻橄榄为广东引进种，其种植管理难度大，结果较少，但近年来价格较高，钦州市多地引种三捻橄榄，从物候期、生长结果习性、果实经济性状等方面来比较，三捻橄榄在钦州市、南宁市引种后表现良好，有较好的发展前景。

（1）三捻橄榄。引自广东汕头。果卵形，基部圆，果顶有 3 条明显的棱纹，单果重 18 g 左右，皮光滑、黄色，肉黄白色，核赤色，肉与核不易分离，肉质酥脆，味香，不涩，回味甘，每 100 g 果肉含钙 334 mg，可溶性固形物含量为 12%，品质好，适合鲜食。成熟期 10 月，成熟果留在树上不易脱落，可在树上留果。浦北县有规模化栽培。

（2）福州橄榄。引自福州。果卵圆形，两端钝，纵径约 3 cm，少涩味。10 月成熟，成熟时黄白色，宜鲜食和加工。南宁、梧州、平南等地有少量栽培。

（3）青皮榄。果为长菱形或短纺锤形，果皮青色或黄青色，果肉青黄色，质爽脆，味甘香，种子长菱形，菱角突出，可食率为 66% ～ 67%。主作鲜食，也可加工。产于南宁、柳州郊区。

（4）薄皮黄榄。亦称牛榄，为广西本地种。植株高大，树势壮旺，幼树树皮光滑，老树则呈块状脱落，树皮灰白色，嫩梢青绿色。叶为互生奇数羽状复叶，叶片大而厚，叶尖钝圆。果实纺锤形或椭圆形，较大，青绿色，单果重12～15 g，果肉青黄色，汁多、味甜、果胶多。

2. 优异种质

（1）大新橄榄。

2019年9月28日，在广西平南县大新镇大旺村石仁河旁发现，果形独特，表面有突起的橄榄果实，采集编号为RZS2019GL056。该树丰产，树势强，树高约15 m，胸径约2 m，树皮浅灰色。叶为互生奇数羽状复叶，叶片深绿色、叶急尖、边缘平滑、长椭圆形、叶厚、革质。果椭圆形，果肉松脆，微涩，回甘中等，果形独特，表面有很多突起，果大而肥，也称胖榄，平均单果重15.6 g，平均纵径3.6 cm、横径2.8 cm，核阔棱形。成熟期10月。可食率约77.78%，可溶性糖含量为8.37%，可溶性固形物含量为16.63%，可滴定酸含量为1.9%，单宁含量为50.8 mg/kg，总黄酮含量为16.8 mg/g，膳食纤维含量为10.5 g/100 g，钙含量为3.6 mg/g。

大新橄榄

大新橄榄果实

大新橄榄果穗

（2）福旺黄榄。

2019 年 10 月 11 日，在广西浦北县福旺镇杨枝桥调查到多棵橄榄树，果偏大，近圆形，大如乒乓球，采集编号为 RZS2018GL087。单果重约 18.8 g，可食率约 80.6%，果核阔棱形，果肉松脆，水分足，有涩味，回甘中等，有香气，成熟期 10 月。可溶性固形物含量为 15.3%，单宁含量为 69 mg/kg，总黄酮含量为 39.8 mg/g，膳食纤维含量为 8.07 g/100 g，可滴定酸含量为 2.37%，可溶性糖含量为 9.88%，钙含量为 2.1 mg/g。

福旺黄榄

福旺黄榄果实

福旺黄榄果穗

（3）黄金橄榄。

2018 年 9 月 28 日，在广西浦北县小江镇苏村糯禾田发现，树龄大于 250 年，采集编号为 RZS2018GL065。该树树势强，圆头形，树高约 20 m。果皮光滑，色泽金黄，口感好，具有较好的商品性，单果重约 11.4 g，可食率约 79.1%，果长椭圆形，果核纺锤形，回甘好。成熟期为 9 月上旬。

黄金橄榄果实

黄金橄榄

黄金橄榄叶片

（4）归义橄榄。

2019 年 9 月 25 日，在广西岑溪市归义镇昙龙村发现，采集编号为 RZS2019GL015。采访村民得知，归义镇种植橄榄历史悠久，出产的橄榄口感好。该树丰产，树势强，半圆形，树高约 15 m。单果重约 9.4 g，可食率约 76.5%，果椭圆形，前端钝尖，果核纺锤形，可溶性固形物含量为 12.2%，回甘好，涩味不明显，质地松脆。成熟期为 9 月上旬。

归义橄榄果实

归义橄榄叶片

归义橄榄

（5）贵台黄榄。

2018 年 9 月 26 日，在钦州市钦北区贵台镇调查发现，橄榄核型扭转，与其他橄榄果核差异较大，且口感、果形较好，采集编号为 RZS2018GL033。单果重约 8.3 g，可食率约 83%，果椭圆形，两端钝圆，果核阔棱形，有扭转，回甘良好。

贵台黄榄果实

贵台黄榄

贵台黄榄叶片

三、生物学特性

1. 植物学特征

橄榄实生树为常绿大乔木，树冠开张，树干直立，通常高 10 ～ 20 m，外皮呈灰色，胸径可达 2.5 m，树干含有胶黏性芳香树脂。橄榄主根发达，须根较少。

橄榄叶为互生奇数羽状复叶，小叶对生，一般 7 ～ 15 片，长 6 ～ 15 cm，宽 2 ～ 4.5 cm，具小柄，披针形或长椭圆形，全缘或不规则缺刻，平展或卷曲，先端急尖、渐尖或骤狭渐尖，基部楔形，腹面浓绿色或黄绿色，有光泽，叶背面淡绿色，纸质至革质，揉碎后散发特殊香气。

花序腋生，微被茸毛至无毛；有雌花、雄花和两性花三种类型，雄花序为聚伞圆锥花序，长 15 ～ 30 cm，多花；雌花序为总状花序，长 3 ～ 6 cm，具花 12 朵以下。果的形状、大小因品种而不同，卵圆形至纺锤形，长 2.5 ～ 3.5 cm，无毛，成熟时黄绿色或黄白色；单果重 4 ～ 20 g，外果皮厚，干时有皱纹；果核渐尖，偶有扭转，横切面圆形至六角形，在钝的肋角和核盖之间有浅沟槽，核盖有稍凸起的中肋，外面浅波状；核盖厚 1.5 ～ 2 mm。花期 3 月下旬至 5 月下旬，果期 9 ～ 12 月。

2. 生长结果特性

管理正常的青壮年结果橄榄树，在南宁年可抽 2 ～ 3 次梢，老树一般抽

1～2次梢，大部分结果树在3月底至4月初抽春梢（幼树年可抽3～4次梢，2月下旬开始萌动），7～8月抽1次秋梢。多数结果母枝是上一年的结果枝，或是生长比较充实的秋梢，正常结果的橄榄树同一枝上可以年年挂果。

一般3月下旬至5月下旬从母枝先端抽生结果枝，待长达5～10 cm时，从结果枝的叶腋或顶端抽生花序，一般4月底或5月上旬开花，花小、白色，有雌花、雄花和两性花三种类型，雄花外观与两性花相似，开后即脱落。

花轴长短因嫁接与否而不同，实生树花轴常在30 cm以上，多雄花，很少结果；嫁接树花轴短，仅10 cm左右，两性花多，结果也多。橄榄开花后如授粉受精不良，花谢后一周便开始大量落花落果。壮旺的幼树抽夏梢也会引起落果。花谢后1～2个月是果实迅速膨大期，8月后核陆续硬化，早熟品种9～10月可采收，迟熟品种11～12月采收。

橄榄在年平均气温18～20℃，年降水量1200～2000 mm的条件下可正常生长发育和开花结果。

四、对环境条件的要求

1. 温度

橄榄产于亚洲、非洲热带及太平洋北部，我国南方是橄榄的原产地之一。橄榄喜温怕寒，耐寒力较差，最适生长温度20℃，低温是限制橄榄分布北移和向高海拔发展的主要因素。橄榄园地最好选择海拔高度80 m以下的丘陵地，或距山脚200 m以下的半山腰。不同品种的橄榄其耐寒性不同，据福建省闽清县林业局张家栋在福建省闽清县境内闽江中下游地区试验，橄榄各器官受冻害的临界温度为叶片-2～0℃，小枝、梢-3～-2℃，主干（枝）低于-3℃。橄榄枝叶在-2℃以下持续3小时就会有轻度的水渍状冻害，持续6小时产生中度冻害，12小时则产生严重冻害。低温达-4℃时，树顶和外围的嫩梢即受冻而枯焦。广西橄榄主要分布在北纬24°以南，即南宁、玉林、钦州、贵港等地，其他地区仅有少量分布。

2. 水分

橄榄主根发达，吸收土壤水分能力较强，耐旱能力较强，年降水量在1200～2000 mm均可满足其生长发育和开花结果的需要，4～6月如雨量过多，会影响授粉。橄榄耐旱、耐涝，渍水轻则生长不良，部分落果，重则烂根、枯死。

3. 光照

坡向影响光照、温度、湿度。橄榄种植以南坡为佳，南坡日照充足，积温高，可避免西北风吹袭，有利于橄榄生长发育和抗寒，注意不要在冷空气易聚集的山坳地方种植。

4. 土壤

橄榄耐贫瘠，粗生易长，适应范围广，对土壤要求不高，从江河沿岸到红壤丘陵地都可栽培，丘陵缓坡地最适宜橄榄生长，特别是沙质或砾质壤土，或沙质红壤土、土层深厚的冲积土。

五、种苗繁育

传统橄榄种植以实生苗进行定植，实生橄榄树根系发达，树冠高大，寿命长，但童期长，种植后7年左右才初产，且果实质量不能保证。生产上为克服实生树迟结果的弊病，多采用高接换种提高品质。近年来，生产上多采用在苗圃通过种子播种培育砧木，再进行嫁接，用壮苗定植。

1. 种子处理

（1）种子沙藏后熟。种子需采自优良母株，且为充分成熟的果实。按一层河沙一层橄榄种子的方法堆积4～5层。要求河沙能捏成团而不滴水，层积时经常观察河沙干湿度，湿度不足及时喷水，翌年2～3月即可播种。

（2）浸种催芽。橄榄种子核壳坚硬，不易破裂，因此需要浸种催芽。取出沙藏的种子，先用清水清洗，再置于30～40℃温水中浸种1～2天，有助于硬壳开裂，使胚充分吸水，提早萌芽和提高发芽率。浸种时要经常搅拌，每天换水1次，以免因空气不足而使胚受害。

2. 砧木培育

（1）苗床育苗。室内育苗床一般宽度为1～1.5 m，堆沙高度为10～15 cm。将浸种后的种子侧卧在沙床上，使果核的三条缝合线与地面平行，以利于胚根和胚芽的顺利生长，不致发生弯曲。播种时深度宜浅，以沙刚好盖没种子为宜，喷水保持湿度在80%，促使种子发芽。待小苗长出3～5 cm、真叶转绿前移苗至营养袋中。

（2）营养袋移栽。取肥沃园土（或蚯蚓土）、泥炭土、椰糠、河沙，以5∶2∶2∶1的比例混匀，将配好的营养土用0.4%福尔马林药液喷洒至基质含水量60%进行消毒，消毒后用地膜等不透气的材料覆盖3～5天，翻拌无气味后即可使用。营养土配制完毕后用草木灰或石灰进行酸度调节，以 pH 值 5～6.5 为宜。

选方形塑料营养钵，规格为 12 cm×25 cm。橄榄主根发达，一般选钵体较长的加厚营养钵，两侧上下各打 2 个孔，以利排水通气，袋底中央垫 2～4 片碎瓦片，以防主根深扎，促进侧根和须根生长。

橄榄播种 40～50 天后开始发芽，在苗芽陆续出土、子叶展开转绿时，即可移植上袋，移栽选择在傍晚或阴天进行。起苗后截去 1/3～1/2 的主根，促进侧根生长。移植后随即浇透水。

（3）砧木管理。营养袋实生幼苗管理需注意防冻、排灌水及清理苗圃杂草。每月喷施 1 次叶面肥，做到薄肥勤施。同时做好病虫害管理，可喷洒 70% 甲基托布津可湿性粉剂 1500～2000 倍稀释液防治橄榄叶斑病和炭疽病，20% 灭扫利乳油 3000 倍稀释液防治橄榄星室木虱、橄榄枯叶蛾、橄榄皮细蛾、金龟子等虫害。橄榄苗木主干离地 10 cm 的茎粗达 1～1.5 cm 时即可嫁接。

3. 幼苗嫁接

橄榄枝干单宁含量高、砧木伤流重、木质疏松，是一种较难嫁接的果树。经试验，橄榄小苗嫁接主要采用切贴接法、合接法、舌接法、劈接法，也可选用带木质部芽接法。生产上大多采用单芽或 2～3 芽的短穗切接。在广西南宁，一般 11 月下旬至 12 月上旬或 2 月中旬至 3 月中旬、气温稳定在 15～25℃的晴天即可嫁接。

选择品种优良、高产稳产的壮年结果树，在树冠外围中上部选一二年生、粗细适中、枝条圆直、表皮光滑、芽眼饱满的结果枝作接穗。接穗剪下后即去叶留柄，再用湿布包好。接穗剪后，要尽量缩短存放时间，做到随剪随接。

（1）切贴接法。

砧木切削：将砧木在离地面约 5 cm 处剪断，然后用刀在离剪口 3 cm 处向内向下深切 1 刀，长约 1 cm。再在剪口处垂直向下切，切口宽度与接穗直径基本相等，使两切口相接，取下砧木露出切面。

接穗切削：接穗预先蜡封，切削时上部留 2～3 个芽，下端削成大斜面，长 4～5 cm，再在背面削 2 个小斜面，长约 1 cm。

砧穗接合：将接穗大削面与砧木的切削面相贴，下端插紧，使砧木和接穗的形成层相接。如果不能两边对齐则必须对准一边。

包扎：用嫁接膜将砧木和接穗捆紧，为防止透水，可再用塑料袋将接口套起来，并捆紧。

橄榄切贴接法

（2）合接法。合接法是指将砧木的伤口面和接穗的伤口面合在一起，并将两者捆绑起来，适合砧木接口小或砧木和接穗同等粗的情况，嫁接时采用并且常用于春季枝接。

砧木切削：将砧木剪断，然后用刀削马耳形的斜面，斜面长 4～5 cm，宽度和接穗直径相等。

接穗切削：将接穗预先用蜡封好，然后在上面留 2～3 个芽，将其下面削成马耳形的斜面，斜面长 4～5 cm，占接穗长的一半，削面的宽度和砧木斜面基本相同。

砧穗接合：将砧木的削面和接穗的削面贴在一起，砧木和接穗同样粗则不露白。砧木较粗，接穗较细，则接穗露白约 0.5 cm。

包扎：用嫁接膜将砧木和接穗捆紧。

（3）舌接法。舌接法多用于同等粗度的砧木和接穗的室内嫁接。

砧木切削：将砧木剪断，然后用刀削马耳形的斜面，斜面长 5～ 6 cm。在斜面上端 1/3 处垂直向下切 1 刀，深约 2 cm。

接穗切削：先将接穗蜡封，然后在接穗上端留 2～3 个芽，在下端削 2 个和砧木相同的马耳形斜面，斜面长 5～6 cm，再在斜面上端 1/3 处垂直向下切 1 刀，深约 2 cm。

砧穗接合：将砧木斜面和接穗斜面对齐，由上往下移动，使砧木的舌状部分插入接穗中，同时接穗的舌状部分插入砧木中，由 1/3 处移动到 1/2 处，使双方削面互相贴合，而双方小舌互相插入，加大接触面。

包扎管理：用嫁接膜将砧木和接穗捆紧。

橄榄舌接法

（4）劈接法。

砧木切削：将砧木在树皮通直无节疤处锯断，用力削平伤口。在砧木中间，用木锤或木棍将劈刀慢慢往下敲，以形成劈口。对于嫩枝劈接，只需用芽接刀从枝条中间劈口。

接穗切削：接穗宜先蜡封，留 2～3 个芽，在它的下部相对各削 1 刀，形成楔形。如果砧木较细，切削接穗时则应使接穗外侧稍厚于内侧。接穗楔形伤口的外侧和砧木形成层相接，内侧不接。如果砧木较粗，则要求接穗楔形左右两边一样厚，以免由于夹力太大而夹伤外侧的接合面。嫩枝劈接要求接穗和砧木粗度相等，以使左右两边都相接。接穗削面长度一般为 4～5 cm，削面要长而平，角度要合适，使接口处砧木上下都能和接穗接合。

砧穗接合：将砧木劈口撬开，把接穗插入劈口的一边，注意对准两者的形成层，以接穗左右两边外侧的形成层都能和砧木劈口两边的形成层对准为好，如果不能两边对准，则一边对准，一边靠外对着砧木韧皮部。嫩枝劈接则要求接穗和砧木粗细一致，使接穗和砧木的形成层基本相接。接合时不能将接穗的伤口部都插入劈口，而要露白 0.5 cm 以上，利于愈合。如果把接穗伤口全部插入劈口，一方面上下形成层对不准；另一方面愈合面在锯口下部形成一个疙瘩，会造成后期愈合不良，影响寿命。

包扎：对中等或较细的砧木，在其劈口插 1 个接穗，用宽为砧木直径 1.5 倍、长 40～50 cm 的嫁接膜进行包扎，要将劈口、伤口及露白处全部包严并捆紧。如果砧木切口较粗，则可在劈口两边各插 1 个接穗，插后先抹泥将劈口封堵住，然后套塑料袋并扎紧。接穗芽萌发后先在袋上剪个小口通气，待芽长成后再除去塑料袋。

（5）带木质部芽接法。

砧木切削：在砧木光滑处斜向下 30° 向内切约 1 cm 的小切口，再在与切口处间隔接穗长度处斜向下 30° 向内切，与第一个切口相接。

接穗切削：接穗预先蜡封，切削时上端留 2～3 个芽，下端削个大斜面，长 4～5 cm，再在背面削 2 个小斜面，长约 1 cm，再将接穗剪成合适的长度。

砧穗接合：将接穗大削面与砧木的切削面相贴，下端插紧，使砧木形成层和接穗形成层相接。如果不能两边对齐则必须对准一边。

包扎：用嫁接膜将砧木和接穗捆紧。

带木质部芽接法

六、果园建设

1. 园地选择

橄榄园地选择除满足无公害生产的要求和适宜的栽培环境条件外，还要调查气象资料包括有效积温、极端最低温、可能有的台风及风向等，还有土壤资料、水源的大小远近、交通运输、电力通信、劳动力资源和周围果树品种等因素。方便的交通运输，可以节省果园肥料和果实的运输成本；丰富的劳动力资源，可以满足果园农事管理的需要；周围果树品种会影响到橄榄园的病虫害防治，如橄榄星室木虱会在番石榴树上越冬，广翅蜡蝉会寄生在柑橘、杧果等果树上。

2. 果园规划

橄榄园规划必须根据橄榄的生长特点及其对外界环境的要求，因地制宜，全面规划，合理布局，实行果、水、林、路综合治理。橄榄园的规划主要包括栽植小区的划分、道路和排灌系统的规划、包装场和建筑物的设置、防护林的营造等。

（1）小区划分。为便于生产管理，常根据地形、地势、土壤等自然条件将橄榄园划分为若干个作业小区。山区、丘陵一般按等高线横向划分，小山体可按山区大小一山一区，平地可按原有的水利系统划分小区。山地果园小区面积宜小，一般 $1 \sim 2$ hm^2 为一个小区；地势平坦的地带，小区面积可大至 $3 \sim 8$ hm^2。小区走向应与防护林的走向一致，以减轻风害。

（2）道路系统。道路系统主要由主干路、支路和小路组成。山地果园的主干路可呈"S"形，上升的坡度不超过 $7°$，避免连续急转弯。平地橄榄园道路应高出地平面 $30 \sim 50$ cm。主干路要求贯穿各小区，成为小区的分界线，主干路要与仓库及通往本园的公路相接，路面以双车道为宜，宽度一般为 $6 \sim 8$ m。支路是果园小区之间及小区与主干道的通道，路面宽 $2 \sim 4$ m。小路是田间作业用道，应方便农事操作，如使用机动喷雾器，搬运采果梯及果实的运输等，路面宽 $1 \sim 2$ m。

（3）水利系统。水利系统应以蓄为主，以堤为辅，做到旱时能灌，涝时能排。平地水利系统主要是修筑灌溉渠和排水渠，灌溉渠常修在果园道路系统的旁边，且要高出地面 $30 \sim 50$ cm，路渠交叉处还要埋设暗涵管，而排水沟则要低于地平面。一般在道路旁修灌溉渠，灌溉渠外栽防护林，防护林与果树带之间修排水渠。也可在道路的外侧栽防护林，道路与果树带之间挖排水渠，道路与防护林之间设灌溉渠。

（4）辅助建筑。主要有抽水机房、蓄肥池、办公室、农资农具仓库以及果品包装、加工、贮藏室和宿舍等，辅助建筑物位置适中，建有大型的停车场，方便果品运输、农资取用和生产管理。

（5）防护林带。防风林带由主、副林带组成，主、副林带相互交织成网状，株行距1.5 m×2 m，林带宽8～12 m，树龄大时可适当间伐。主林带垂直于主要风害方向，副林带与主林带垂直，防护来自其他方向的风。果树和林带之间还要挖一条宽60 cm、深80 cm的断根沟，断根沟也可作排水沟用。防护林带应选择速生高大、抗风力强、防风效果好、与橄榄园内果树没有共同病虫害的树种，南方果园常选择木麻黄、桉树、杨树、洋槐等。

3. 果园开垦

（1）平地建园。先将地面杂物清除并平整，再根据果园规划，现场测量，划出道路、排灌沟及小区边界线的位置，路、渠与林网系统建成后，果园自然也就分割成了若干小区。平地橄榄栽培方式主要有高畦深沟种植和筑墩高畦种植两种。

（2）山地建园。对于用人工开垦的果园，建园前要先炼山，清除规划区内的所有植物，再根据果园规划图与施工图，标记道路系统和排灌系统及附属建筑物的位置和走向，再按顺序修筑道路与排灌系统，修路时先修筑与外界公路接通的主路，再修支路。注意修路时要同时修筑拦洪沟、排水沟，以拦阻山水，防止雨水冲毁路基，还可蓄水供施工用。最后修筑梯田或鱼鳞坑。

4. 栽植

（1）定植季节。定植穴沉实后，即可选择适宜的时间栽植。橄榄种植一般在春季，用培育的大苗种植可提早结果。营养杯小苗四季均可栽植，成活率很高。

（2）栽植密度。橄榄种植规格为5 m×5 m至7 m×7 m，每公顷种植200～400株。未计划间作或套种作物的，每公顷可计划密植600～900株，合理的密植可使果园土壤覆盖率迅速提高，叶面积指数迅速达到丰产指标，实现早结果、早收益。

（3）定植方法。①裸根移植苗：在定植穴内先用黄泥浆蘸根再栽植。苗木放入定植穴后，使苗根在黄泥浆摆布均匀，然后边填土边向上稍稍提苗，同时边踏实土壤，使根系与填土紧密贴合，直至低于地表2～3 cm为止，再淋足定根水。定植时能每株用200 mL浓度为20 mg/kg的萘乙酸或50～100 mg/kg的ABT生根粉浇根，可显著提高栽植成活率。②营养袋小苗：定植时先将营养袋割破，

去掉营养袋后把小苗放入定植穴内，摆正扶直，然后填入表土，分层压实，淋足定根水，上覆一层细土、杂草、绿肥等。

5. 植后管理

苗木定植后浇水保湿，半个月内每隔 2～3 天浇水 1 次，定植 1 个月后每周浇水 1 次，直至新梢老熟。苗木成活后可勤施薄施淡粪水。注意防止病虫害和鼠害。

七、栽培管理

1. 土壤管理

（1）土壤改良与间作。橄榄园前期一般一年进行 2～3 次深翻，第一次于 3 月，结合间种套种进行；第二次于 5～6 月，结合清除杂草进行；第三次于 11～12 月采果后，结合施肥，进行全园翻耕。提倡橄榄园合理间种，以小乔木、灌木型果树、中草药、豆类、蔬菜、瓜类、绿肥为主，成年树可间作耐阴植物，如珠兰等香料植物。

深翻方法可采用全园深翻或扩穴深翻压绿等形式。种后逐年在原穴外扩大植穴，并填入杂草、土杂肥等进行土壤改良。

（2）中耕除草与覆盖。橄榄果园土壤中耕除草主要有生草法、覆盖法、清耕法及化学除草等方法，各种方法各有优、缺点。

生草法：人工种草常用草种有百喜草、白三叶草、藿香蓟、商陆、黑麦草等。

覆盖法：覆草一般以春夏季为好，材料可选用秸秆、杂草、绿肥等。覆盖厚度 15～20 cm，从距橄榄主干 15～20 cm 到树冠垂直投影外缘。

清耕法：即果园终年保持土壤疏松无草的状态。

化学除草：常用除草剂有草甘膦、敌草胺、氟乐灵、恶草灵、西马津等，用量参考药品说明书。

2. 施肥管理

（1）幼年树施肥。橄榄幼树培养以加速形成树冠为目的，重在培育充实健壮的枝梢和发达庞大的根系，为早产、丰产打下基础。

橄榄定植后，第一次新梢老熟、第二次新梢萌芽时开始施肥，以"一梢两肥"或"一梢三肥"为好。新梢萌芽时施第一次肥，促进新梢生长；新梢叶色开始转绿时施第二次肥，促进新梢老化；新梢叶色完全转绿后施第三次肥，加速新梢老化，并促进新梢萌发。肥料以速效化肥为主，配合人粪尿等液体农家肥，每株每次施 10～20 g 尿素加同量复合肥混合制成的液肥，或施稀薄人畜粪尿 2～6 kg，选择在雨后土壤充分湿润时，均匀地浇在树冠下。随着树龄的增加和树冠的扩大，施肥量要逐年加大，磷、钾肥的比例也要逐年加大。

（2）初产树施肥。施肥应以协调橄榄的营养生长和生殖生长的平衡为目的。若营养好，长势较强，树壮叶茂，则以磷肥为主，配施钾肥，少施氮肥；若营养差，生长较弱，则以磷肥为主，适当增加氮肥的施用，配施钾肥。橄榄是以秋梢为主要的结果母枝，因此，在秋梢前应以氮肥为主，待秋梢老化后，适当增加磷、钾肥，减少氮肥。

（3）结果树施肥。施肥以长效有机质肥和磷、钾肥为主，配合氮肥。一般每年施肥 3～4 次。第一次为花前肥，以速效性的磷钾肥为主，农家肥配合，以促进花芽分化，改善花质，提高坐果率，施肥量约占全年的 15%。第二次为壮果肥，此期正处于生理落果期，树体营养消耗大，以速效性的钾肥为主，磷肥次之，再配合氮肥，以补充营养，减少落果，促进果实膨大，施肥量约占全年的 20%。第三次为采后肥，施肥量约占全年施肥量的 35%，以氮肥为主，配合磷、钾肥，可恢复树势，促使秋梢生长健壮，10～20 年树龄，株施人粪尿 50～75 kg、复合肥 1～2 kg；20 年以上的树，株施人粪尿 100～150 kg、复合肥 2～3 kg。第四次为过冬肥，施肥量约占全年施肥量的 35%，在 12 月下旬施下，以有机质肥为主。

（4）施肥方法。土壤施肥可根据实际情况，采用环状、辐射状、沟状施肥或撒施化肥，施肥后注意覆土。叶片喷施比土壤施肥见效快，用肥量少，常用于补充作物生育期中对某些营养元素的特殊需要或调节作物的生长发育。①花前喷施：主要是补硼，提高坐果率，喷施 0.1% 硼砂、0.2% 尿素肥液。②花期喷施：喷 0.2%～0.3% 磷酸二氢钾、0.1%～0.2% 硼砂液，以改善花质。③幼果期喷施：可喷氨基酸型叶面肥，以促进果实膨大，提高质量，还可促进早熟。④采果后喷施：以 0.2%～0.3% 尿素、0.2%～0.3% 磷酸二氢钾等为主，以迅速恢复树势。根外追肥应在天气晴朗、无风的下午或傍晚进行。

3. 水分管理

橄榄根系忌积水，积水容易引起烂根。因此，果园有积水现象时要及时排水。橄榄每次抽梢期需要适当的水分，果实膨大期也要保持适当的水分，如遇天气高温干旱，需要引水灌溉。山地橄榄园在旱季来临以前进行全面浅耕，可以减少土壤水分的蒸发，浅耕后利用山草进行覆盖保湿。也可在梯田壁下挖 1 条横蓄

水沟，拦蓄雨水，可比较长期地供根部吸收。

4. 树体管理

橄榄树体管理主要包括幼树整形、结果树修剪、花果调控等。

（1）幼树整形。幼树定植时应同时定干，以后每次抽梢均要根据长势进行抹芽、短截、摘心、拉枝等整形修剪，以配置合理的主枝、副主枝，各层枝条要错落布置，间距 60 ～ 70 cm，尽快形成多主枝自然开心形丰产树冠。嫁接苗定植后 3 年即可进入初果期，通过修剪，3 年生幼树有效结果母枝应达到 40 ～ 50 枝，树高 1.8 ～ 2.2 m。

（2）结果树修剪。结果树每年修剪 1 ～ 2 次，第一次在采果后，主要进行回缩、短截等较大程度的修剪。第二次在花芽生理分化期前，一般在 1 月上旬，主要疏剪枯枝、过密枝、交叉枝、内膛枝、重叠枝、衰老枝、病虫枝和直立徒长枝，尽量少用短截。

（3）花果调控。在广西南宁，在秋梢抽生前 20 天，根据树体情况加施复合肥 1 次，一般年产 10 kg、树体营养中等的每株施 1.5 kg 左右；为使秋梢适时抽发、促进幼果发育，8 月上旬应重施 1 次壮果肥，以速效肥为主；12 月中下旬施有机肥 20 kg 及石灰 0.5 ～ 1.0 kg。在结果母枝嫩梢长至 10 ～ 15 cm、叶片已基本展开时，用 30 kg 水加入 15% 多效唑可湿性粉剂 100 ～ 150 g、磷酸二氢钾 50 ～ 100 g、硼砂或硼酸 50 g 喷施，促使结果母枝健壮生长。适时控冬梢，11 月下旬至 12 月上旬用 15% 多效唑可湿性粉剂 200 ～ 300 倍稀释液喷梢叶或用 40% 乙烯利 45 mL 加水 50 kg 喷施。1 月上旬应及时灌溉，促发春梢；在花蕾期、谢花期和幼果期分别喷施核苷酸、果特灵、保果素等保果剂，保花保果，也可用 0.2% 磷酸二氢钾 + 0.2% 硼砂 + 0.3% 尿素喷施。

八、病虫害防治

橄榄树病害不严重，主要病害有炭疽病、藻斑病、叶斑病、煤烟病、流胶病、果实黑斑病、青霉病、褐霉病等。橄榄幼梢对波尔多液、石硫合剂较敏感，易受伤害，不宜在春秋两季使用。

橄榄害虫有 40 种以上，其中为害严重的有星室木虱、叶甲、野螟、广翅蜡蝉、小黄卷叶蛾、枯叶蛾、皮细蛾、黑刺粉虱等。虫害防治要抓住最佳防治时机，开展综合防治。利用苏云金杆菌、阿维菌素、棉铃虫多角体病毒粉剂等生物制剂开展生物防治，以及用黑光灯诱蛾等进行物理防治，尽量减少使用广谱性化学农药，以创造有利于天敌群落发展的环境，降低农药污染。橄榄树对乐果、敌敌畏等有机磷农药敏感，表现为叶片斑状枯萎，严重时叶片全部脱落，应慎用。

橄榄病虫害的防治应当掌握"以防为主，综合防治"的原则，主要抓好以下几点：第一，抓好冬季清园工作，清除园内杂草，适当喷药消灭越冬虫源。第二，加强树体管理，增强树势，春秋两次抽梢时，抓紧喷药保梢。第三，保护利用天敌，以虫治虫，以菌治虫，维持生态平衡。红基盘瓢虫、绿僵菌是橄榄星室木虱的优势天敌；草蛉、螨类、黄蚜小蜂对小直缘跳甲等有显著防效。第四，合理使用化学农药，尽量使用低毒、对环境污染轻、不杀伤天敌的药剂，注意用药时间、用药浓度、喷药质量，尽量减少喷药次数。重点保护好春、秋梢，要经常变换药剂品种以减少抗药性的产生。第五，保护生态环境，推行果园间作、套种、生草技术，有利于病虫害天敌种群的繁殖，减少越冬病虫源，抑制病虫害的发生。

九、采收、贮藏保鲜

1. 采收

（1）采收时间。果实成熟后需适时采收，采收时间对果实产量、品质以及树体的恢复、翌年的产量有着密切的关系。过早采收，果核未硬化，产量低，果皮易皱缩，果实不耐贮藏；过迟采收，果实易掉落，留果期长会消耗树体养分，影响翌年产量。橄榄的成熟期因种植地区、栽培品种而异，果实未成熟时各品种一般呈青绿色，果核未硬化，核仁未饱满，成熟时各品种呈现特有的色、香、味。橄榄一般 10～11 月成熟。橄榄的采收时间因地区、品种和用途而不同。

作为鲜食的橄榄，要待果实充分成熟、果皮着色良好、风味浓厚时才采收，一般早熟品种约于中秋节前后采收，迟熟品种 11 月左右采收；用于贮藏保鲜的，八九成熟、具有品种特有的色、香、味时可采收；用于加工凉果、蜜饯的，待果实饱满成形，即可采摘，一般在 7～8 月采收。

（2）采收方法。橄榄果皮薄，易受损，伤口遇空气极易褐变，在采收过程中应尽可能避免造成机械损伤。对树体而言，果枝顶芽可抽生翌年的结果枝，采收时不能损伤果枝顶芽。传统的采收方式主要是用竹竿敲打、手工摘果，效率低，而且秋梢顶芽也会被损伤，造成翌年减产。

近年来，药剂催果采收逐渐成熟，用 40% 乙烯利 300 倍稀释液加 0.2% 中性洗衣粉作黏着剂，喷果 4 天后，振动枝干，果实催落率大于 99%。这种方法有一

定的风险，药剂浓度控制得当，对橄榄的果实、树体无不良影响；若控制不当，效果不佳，浓度太稀没有催果作用，浓度太浓造成落叶，降低翌年产量。

2. 贮藏保鲜

橄榄果皮薄，采后极易失水皱缩，须及时调节温度和湿度。新鲜采摘的橄榄需进行及时预冷，然后贮藏。橄榄的贮藏温度为 6.5 ~ 9℃，相对湿度为 75% ~ 80%，需根据果皮或包装是否有水珠进行灵活调节。

传统的贮藏方法以缸藏为主，即先在陶瓷缸底铺一层厚 2 ~ 3 cm 的松针、青竹叶或鲜橄榄叶，再装入已剔除劣果、伤病果的橄榄，装至将满时在果面上再铺上松针或青竹叶加盖，每隔 7 ~ 10 天检查 1 次，剔除烂果。需保持贮藏环境凉爽，无风吹、日晒和雨淋。如贮藏得当，3 ~ 4 个月后鲜果色、形、味不变，果肉酥脆爽口。竹篓贮藏类似缸藏，内衬软纸，再衬香蕉叶，装入橄榄。

目前，多以化学防腐、塑料薄膜袋包装联合保鲜。果实采收后，剔除劣果、伤病果等，再用 0.03% 漂白粉水溶液或 0.1% 高锰酸钾和 0.1% 硼酸混合液浸泡 3 分钟，晾干。接着装入塑料薄膜袋中，加入少量蛭石作为乙烯吸收剂，室温贮藏。当袋中水汽较多时，打开袋口通风 5 分钟，再扎紧袋口，每隔 7 天检查 1 次，剔除烂果后继续贮藏。蛭石要先浸泡在饱和高锰酸钾溶液中，捞起后晾干，再用透气性材料包好。此外，橄榄分选线、单果包装机也初步成形，保鲜手段进一步提升。

第六章　余甘子

一、概述

1. 分布

余甘子（*Phyllanthus emblica L.*）又名牛甘果、油甘果，有油金子之称，是亚热带树种，大戟科（Euphorbiaceae）叶下珠属（*Phyllanthus*）植物，为多年生阔叶类落叶小乔木或灌木。主要分布于北纬 24° 以南的亚热带或热带，其中包括印度中部和南部、中国南部、泰国、斯里兰卡、缅甸、马来西亚、巴基斯坦等，以中国和印度的分布面积最大，产量最大。余甘子分布于我国云南、广西、广东、福建、海南、台湾、四川及贵州等地，垂直分布高度为海拔 80 ～ 2300 m。

广西是我国余甘子的主要分布地区，种植历史悠久，其中不乏百年古树，且长期处于野生状态。20 世纪 80 年代开始，广西相继进行了农业品种资源调查，《广西果树自然资源与区域发展研究》等资料表明，以前余甘子资源在广西山地、丘陵随处可见，天然余甘子呈连片分布，但近代以来，由于人口不断增加，人为活动破坏严重，野生余甘子资源只能在山顶或悬崖峭壁找到。余甘子品种选育相对滞后，广西余甘子产业发展较慢，规模化种植以本土品种平丹 1 号以及福建、广东引进品种为主。2017 ～ 2018 年实施"第三次全国农作物种质资源普查与收集行动"，实地走访调查以及查阅相关资料，余甘子资源在广西全区均有分布，主要分布于西南部（崇左）、西北部（百色、河池）、东南部（玉林、梧州、贵港）、中部（来宾、柳州）有少量分布。

2. 经济价值

余甘子药食兼用，果实含有丰富的营养成分，鲜果高酸低糖，口感酸涩，既可以鲜食和加工制作成蜜饯、糖果等，又可以药用。余甘子拥有多种保健功能，可清热凉血、消食健胃、生津止咳，对降血脂、降血压、抗肿瘤等有一定功效，具有较高的经济价值和广阔的开发前景。余甘子于 1977 年被正式列入《中国药典》；20 世纪 80 年代，余甘子被国家卫生部列为我国第一批药食两用植物品种。

（1）营养价值。余甘子营养丰富，用途广。联合国粮食及农业组织已把余甘子一类列为有待积极开发的果树，许多营养学家则把余甘子果实、猕猴桃、山核桃并列为我国三大高营养水果。据分析，余甘子鲜果含水分81.2%、蛋白质0.5%、脂肪0.1%、碳水化合物14.1%，并含有多种矿物质以及果酸、单宁和17种氨基酸（包括人体必需的8种氨基酸）。据研究，余甘子果实维生素C含量具有高度稳定性，即使经过太阳暴晒、烘烤、高压灭菌等高温处理，依然能留存大部分维生素，其保存率为79.0%～93.5%。

（2）医疗价值。余甘子入药，在我国已有较长的历史，汉代杨孚在《异物志》中曾专门论述了余甘子的药用价值，明代伟大的医药学家李时珍在《本草纲目》中也充分肯定了余甘子有"久服轻身、延年长生的功效"。中医学认为，余甘子味苦、性凉，具有清肺利咽、补益肝肾、化痰止咳、生津、解毒的功效。余甘子具有清热凉血、健胃、止咳的功效，可用于治疗血热、血瘀、肝病、消化不良、腹痛、咳嗽、喉咙痛及口干；余甘子的根和叶可用于治疗皮肤湿疹水肿；叶可做保健枕。

3. 资源利用

（1）余甘子保健食品开发。广西平南县大玉余甘果有限责任公司以平丹1号大玉余甘子为经营核心，已实现从种苗培育、木苗种植、推广到余甘果加工一条龙式经营，开发有果汁、果酒、果茶、果脯、蜜饯等系列产品。此外，广西民间传统常生食或渍制余甘子。

（2）余甘子中成药开发。广西余甘子中成药开发刚刚起步，市场上较少见到本土生产的余甘子类子药制品，市面上的余甘片保健药及多种中成药如余甘子喉片、余甘子利咽含片、二十五味余甘子丸等，生产企业多以福建、广东为主。

（3）余甘栲胶。余甘子树皮和树叶单宁含量高，是上等的栲胶原料，余甘栲胶是广西武鸣栲胶厂、百色林化厂主要栲胶品种，是我国最优质的栲胶之一，产品远销东南亚等地区。

（4）余甘子是广西岩溶石漠化地区果树种植优选树种。余甘子适应性极强，耐旱耐贫瘠，易管理，是荒山绿化的先锋树种，根系很发达，主根深达10 m以上，能穿透坚硬的土层、岩石缝隙，扎根到土壤深处，且蓄水固土功能强，可用于岩溶石漠化地区、生态脆弱区植被恢复和生态经济群落的重建。天等县地处广西西南地区，是典型的石山区，森林植被率低，荒山石漠化严重。天等县于2004年夏开始引种大玉余甘子，种植面积达80 hm^{2}以上，既取得了良好的生态效益，又取得了可观的经济效益。

二、主要栽培品种

余甘子是目前发现的叶下珠属 600 多种植物中可食用的一种，果皮颜色有绿色、橙黄色和白色。按果实成熟期分为早熟品种，一般 7 月成熟；中熟品种，8～9 月成熟；晚熟品种，10 月以后成熟。按果实大小可分为大果型（单果重 7.5 g 以上）、中果型（单果重 5～7.5 g）、小果型（单果重 5 g 以下）三种。余甘子成为栽培品种较迟，时间也短，目前栽培品种甚少。

1. 平丹 1 号

该品种树姿较直立，果大，果皮呈浅绿玉石色、半透明，单果重 13～15 g，果横径约 28.5 mm、纵径约 23.8 mm，果肉厚，核小，可食率高达 90%，品质优良，鲜果肉脆，风味浓郁，甜酸涩甘适口，加工性能好。该品种生长快，投产早，稳产，果大，2 月开花，一年开一次花，结一造果，果实于 6～7 月成熟。平丹 1 号由广西贵港市平南县丹竹镇廊廖珍稀种养场黄雄芳选育。平丹 1 号母树树龄约 230 年，高约 22 m，树冠约 9.2 m，直径约 0.97 m，每年挂果约 850 kg。平丹 1 号于 1991 年通过广西壮族自治区科学技术协会、玉林市科学技术协会等有关专家鉴定，并荣获 1995 年广西新技术新产品金奖和 2002 年广州首届全国粮油副食品博览会"天然保健食品"金奖。

平丹 1 号余甘子

2. 乐民油甘

该品种果形似扁柑，成熟时呈红黄色，果肉厚、核小、味苦兼甘，平均单果

重 13 g，最大果重达 20 g 左右，有大粒、中粒、细粒之分，品质好、产量高，主要分布在广西浦北县。

3. 甜种油甘

该品种为广东省主要鲜食品种。枝条较下垂，树势健壮。2 月下旬开始抽梢现蕾。当梢长 1 cm 时，花蕾带着叶芽抽出，直至梢长 5 cm 左右时新叶才开始展开。3 月上旬开始开花，花瓣 6 片，少量 5 片。开花伴随继续抽梢现蕾与展叶。雌雄同株，雌花常与 2 ～ 8 朵雄花簇生在同一叶腋上。花期长 45 天左右。4 月下旬至 5 月上旬逐渐着果。6 月幼果开始膨大，8 月底基本定形，9 月成熟。一年抽梢 3 ～ 4 次，11 月开始落叶，至翌年 2 月底老叶落完。果扁圆形，果皮绿白色，纵径 2.0 ～ 2.1 cm，横径 2.5 ～ 2.6 cm，单果重约 11 g，可食率约 91.5%，可溶性固形物含量为 10%，肉脆甘甜，口感舒适，耐贮运。

4. 狮头油甘

该品种为加工品种，枝条顶端优势明显，树势健壮。果柿形，果皮黄绿色，单果重约 10 g，可食率约 90%，可溶性固形物含量为 10%。果实成熟期 10 月。

5. 玻璃油甘

该品种树冠呈半圆形，枝条粗硬，树干及老枝灰褐色，常有瘤状突起。枝纤细。小叶排列稀疏，叶片浅绿色、狭长，长 1.2 ～ 1.6 cm，宽 0.4 ～ 0.6 cm。果大小中等，平均单果重 5.26 g，果实横径约 1.9 cm、纵径约 1.4 cm，近扁球形，棱纹明显。果皮乳白色、半透明、有光泽，称玻璃甘。每 100 g 鲜果肉含维生素 C 301.3 mg、磷 13.2 mg，总糖含量为 2.64%，总酸含量为 1.57%，果肉质脆而细，多汁，纤维少，可食率约 82%，品质优。9 月下旬成熟，一年开 2 次花，结 2 次果，产量高，鲜食、加工均宜，中熟品种。

三、生物学特性

1. 根系

余甘子为直根系植物，根系发达，由主根、侧根、副侧根、须根等组成。主根垂直伸展，入土深度可达 10 m。侧根、副侧根、须根水平分布于离地面 20 ～ 100 cm 的土层。

2. 茎和枝

余甘子植株高达 3 ～ 8 m，冠幅 4 ～ 10 m，呈半圆头形。幼树干灰白色或灰色，具有不明显隆起轮纹状。老树干外皮灰褐色或褐色，有不规则纵横裂纹，内皮层、木质部、髓部为红色或暗红色，富含单宁。

枝可分为永久枝和脱落枝。

超过 1 年生的枝条称为永久枝，也叫作结果母枝，是构成余甘子树的骨架枝。每次抽梢从枝的顶芽和侧芽抽出新的永久枝和脱落枝，使树冠不断扩大，永久枝左右侧着生有丛状脱落枝。

　　脱落枝似羽状复叶，着生于永久枝的节上，每年冬季会自行掉落，第二年春季又从节上抽出。枝条直径 0.10～0.12 cm，长 14～25 cm，其上着生 18～31 对平展互生小叶。

余甘子枝叶

　　余甘子一般一年抽梢 3 次。

　　春梢：春梢是余甘子的主要枝梢，一般 2 月下旬开始萌动，4 月抽梢最盛，与抽花蕊同期。抽发部位多在上一年永久性枝条顶芽上。

　　夏梢：一般在 6 月中下旬抽发。若结果量少，树势强，5 月中下旬即开始萌发；若结果量过多，肥水供应不足，夏梢会延迟抽发或少抽发。夏梢抽发部位多在当年春梢永久性枝条的顶芽继续延伸。部分夏梢发生于春梢上，或上一年夏、秋梢的顶端，或是剪口下的稳芽抽发。

　　秋梢：一般在 8 月开始抽发，9 月下旬停止抽发，10 月开始停止生长。发生量因树龄、挂果量而定，抽发部位多在春梢或夏梢永性枝条的顶芽而继续延伸，少数是从多年生枝上的隐芽抽发。

3. 芽

　　余甘子的芽主要分叶芽、混合芽、隐芽 3 种类型，着生于枝干的不同部位，发挥各自的功能。

叶芽：有顶芽和侧芽之分，着生于枝条顶端的叫顶芽；着生于枝条叶腋的叫腋芽，又叫侧芽。余甘子顶芽主要是叶芽，起伸延枝和扩大树冠的作用。这种伸延枝是永久性的，冬季时不会脱落。腋芽易分化为混合芽。

混合芽：余甘子花芽为混合芽，芽中包括新梢、叶及花的原始体。如余甘子枝梢上的腋芽抽发一次分枝后，该分枝边延伸生长边抽发脱落性小枝，形成结果枝和营养枝。

隐芽：余甘子枝条中、下部芽有的不萌发，呈休眠状态，称为潜伏芽或隐芽，潜伏芽寿命有几年甚至几十年之久。随着枝干加粗而在树皮下继续生长，一旦受刺激就会突破树皮，长出徒长枝。这种隐芽用于树冠枝干的更新。

4. 叶

余甘子叶片生于小枝上，分左右 2 列，平展互生，叶形细小，呈短矩圆形，全缘，叶尖钝圆或平，中间平或微凹，基部钝圆，主脉明显，腹面绿色或浓绿色，无毛，背面淡绿色，叶柄极短，不明显，基部有棕红色小刺状托叶。

5. 花与开花特性

花：为雌雄异花，生于脱落枝叶腋，以春季抽生的脱落枝为例，每枝脱落枝连续着生 4～11 对花簇，每花簇有 6～13 朵花，绝大多数是雄花，有的整枝均是雄花。

开花特性：3 月为花蕾期，4 月为盛花期，5 月上旬花谢后果实开始膨大，花期长可达 1 个半月。开花时间大多在清晨，当气温上升到 22～27℃时、天气晴朗时，开花最盛，结果率高。

余甘子花穗

6. 果实与结果特性

果实：扁球形，隐约有 6 条棱纹，个别品种为球形或长球形，隐约有 4 条棱纹。果面淡绿色、淡黄绿色、乳白色或枣色，有不同程度的红色锈斑。果肉厚，绿白色或黄绿色，半透明。

余甘子果实

结果特性：余甘子结果枝属脱落性小枝，而脱落性结果枝多着生在 2 ～ 3 年生结果母枝上，占全树结果母枝量的 60% ～ 70%；4 年生以上老枝为结果母枝。一年 2 次结果的余甘子品种，当年生春梢或夏梢有可能成为秋果的结果母枝。余甘子雌花受精后，幼果头 1 个月基本处于停止生长或生长非常缓慢的状态。5 月下旬前后幼果才开始转绿膨大，6 月果实膨大最快。

7. 种子

每个核室有 2 粒种子，种子呈亮褐色，肾脏形，外有硬皮，内含薄层胚乳，中心有白色子仁。

四、对环境条件的要求

1. 温度

余甘子喜冬暖、夏无酷热的气候，最适宜的年平均气温为 20 ～ 25℃。在各个生育期内对温度的要求不同，萌芽期温度为 12℃以上，初花期温度为 20℃左右，果实、枝梢期则要求温度 23 ～ 26℃为宜。余甘子抗低温和霜冻的能力较低。

2. 湿度

余甘子较耐旱，就余甘子生长发育各时期而言，花期要求天气晴朗，空气湿度小，利于授粉，但忌过于干燥，影响受精结果。花期若遇到 5 天以上平均相对湿度小于 70% 和平均日蒸发量大于 6 mm 的天气，则柱头干燥，影响授粉受精，当年产量明显降低。抽梢期或 5 ～ 7 月果实迅速膨大期，如果土壤水分充足，则有利于促进芽梢或果实生长。

3. 光照

余甘子在生长发育过程中需要一定的光照，但不宜烈日暴晒。最好种植在太阳散射光比较大的阴山或北坡，这样才能保证树势旺盛，结果多，果大。

4. 土壤

余甘子对土壤的要求不高，适应性广，适宜土层厚、疏松、微酸性（pH 值 6 ～ 7）的红壤、黄壤。

5. 风

风对余甘子的生育影响主要在授粉期。余甘子是雌雄同株异花果树，花细小，主要靠风传粉，微风有利于雄花粉散发、传粉，从而提高坐果率。但是大风、台风对余甘子不利，会引起落果、折断枝条、损伤树势的发生。

五、种苗繁育

1. 种子繁殖

（1）苗圃地选择。育苗圃应该选择土层深厚、肥沃疏松、呈弱酸性的沙质壤土和接近水源利于浇灌的地方。以东南方向设置为宜。播种前要细致整地，搞好土壤消毒，结合施足以有机肥为主的底肥，做到三犁三耙，然后筑垄成型，适时搭建阴棚。

（2）种子处理。当年余甘子果实成熟后及时采收，脱去果肉后，将种子晒干至含水量 11% 以下贮藏，贮藏时可装入尼龙编织袋或陶缸，置于通风干燥的室内。

（3）催芽播种。种子以褐色或红褐色、大粒饱满者为好。一般种子浸种、播种在春季清明至小满时进行。种子浸种方式有 2 种：①用 0.1% 硫酸亚铁溶液浸种 2 小时，捞起放在尼龙编织袋内，用清水冲洗干净，然后用 50℃温水浸种，自然冷却 24 小时，撇去干瘪劣种，沥干种子早晚用温水喷洒，并轻轻翻动种子，使种子能吸到一定的水分，促进发芽。②种子用 50℃温水浸种，自然冷却 24 小时，撇去干瘪劣种，沥干种子，再用生根粉适当稀释后浸种 2 小时，捞出直接在苗圃地上播种。

（4）苗木管理。播种后要灌足底水，一般1周灌溉1次，使苗木保持一定的水分，也要预防积水，注意防涝。加强除草、淋肥、防治病虫害，当苗高达25 cm左右时间苗。

2. 嫁接繁殖

嫁接在2～11月均可进行，在无冻害的地区12月也可嫁接。但一般在春分至清明时期、腋芽膨大而未萌动时进行嫁接成活率更高。

（1）穗条采集。选果质优良、生长势强、丰产性好的成年树，选取树冠上、中部的2～3年生枝条，每段长4～7 cm，直径0.5～1.0 cm，与砧木直径接近。

（2）砧木准备。立春后在育成的一年生或两年生的余甘子实生苗区选取茎粗0.8 cm左右、生长充实的苗木作砧木，苗干基部留5～6 cm剪裁。砧木可一直存放到清明均可嫁接。

（3）嫁接方法。

①切接法。切接是沿砧木形成层纵向切1个切口，后将接穗插入切口的一种嫁接方法。

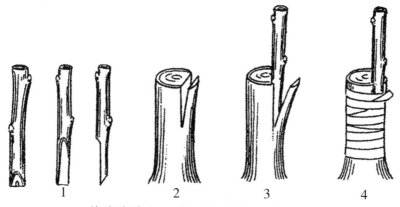

1.接穗的削面　2.切开的砧木　3.切接状　4.包扎

切接法

削接穗：把接穗下部削成2个削面，一长一短，长面深度约削掉1/3以上的木质部，长度约2.5 cm，平滑削面，在长面的反面削成马蹄形小斜面，长度在1 cm左右。

劈砧木：在砧木离地面约6 cm处，直径0.8 cm左右处剪断砧干，断面用利刀削平，在剪口的韧皮部上，沿着形成层笔直切下，切开的皮层以不带木质部为最好，切口长一般为2.5 cm左右，深度以达形成层为宜。

接合：对准接穗和砧木的形成层，把切好的接穗插入砧木内，接穗在砧木断面上略露有一点露白，如果砧木与接穗口大小悬殊，保持一侧形成层对准靠合即可。

捆绑：用塑料条缠紧砧木与接穗的伤口，将劈缝和截口全部包严。

②劈接法。劈接是利用劈接刀将砧木从中间劈开，后将处理好的接穗插入砧木伤口的一种嫁接方法。

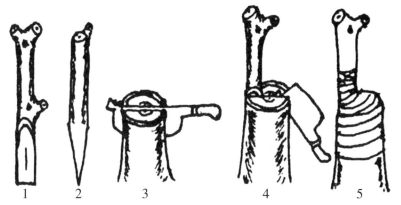

1. 接穗削面（正面） 2. 接穗削面（侧面） 3. 劈砧木 4. 接穗与砧木接合状 5. 捆扎

劈接法

切削砧木：嫁接时，选择通直光滑、至少 6 cm 范围内无节疤处将砧木截断，并削平截口；用劈接刀从砧木横截面的中心垂直向下劈 1 个深 3 ～ 4 cm 的伤口。

切削接穗：将接穗削成 8 ～ 10 cm 的小段，在接穗基部左右处各削 1 刀成楔形，削面长 3 ～ 4 cm。为使接穗形成层密接，削面要平滑。

砧、穗接合：将削好的接穗立即插入砧木劈口内。如砧木太粗壮，可用螺丝刀或劈接刀将劈口撬开再插入接穗。接穗形成层的一面应与砧木的一面对齐。不要把接穗的伤口全插入砧木劈口内，可像切接一样，两者接合处露白 0.2 cm 左右。

包扎：将劈接口、各处伤口及露白处全部包严并扎紧，也可用接后涂以接蜡或套袋的形式保湿。

③切腹接。一般选取直径在 0.8 cm 以上的砧木，留一定高度剪去上部，在砧木离地面 5 ～ 10 cm、接触面较大处，以 25° 角向木质斜切 1 刀，切口长 3 cm 左右，斜切口下端不能超过砧木髓部，将长 6 ～ 9 cm 的接穗下端削成楔形，插入砧木接口，使两者形成层有一侧密接，接口用薄膜扎紧。切腹接可利用砧木接口夹住接穗，砧穗结合牢固。除冬季外，全年均可嫁接，并且成活率高。

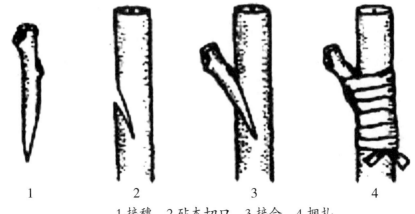

1　　　　2　　　　3　　　　4

1.接穗　2.砧木切口　3.接合　4.捆扎

切腹接

无论采用哪种嫁接方法，嫁接时接穗和砧木应随削随切随接，动作要迅速。嫁接好的苗木可以立即栽植，也可以在室内泥地或水泥地上平放堆高 50 ～ 60 cm，用水壶喷湿根部，在上面覆盖薄膜，待 7 ～ 15 天接口发生大量愈伤组织后再栽植，成活率更高。

（4）嫁接苗管理。

抹芽：接芽开始展叶抽梢时，抹去砧木上的萌芽。

施肥：当接芽膨大、即将刺破薄膜时施肥，让根系吸收养分，以利于抽梢。以后相隔 10 ～ 15 天施 1 次肥，促使顶芽连续生长。如果 10 月下旬以后气温降低，枝梢顶芽停止生长或封顶后，要控制肥水，让嫁接苗老化，以增强抗寒力。

解绑：待接穗与砧木接口完全愈合、穗芽长粗壮后，及时将包扎的塑料带解除或用小刀全部划断。

六、果园建立

1. 园地选择

我国野生余甘子自然分布于东经 110° ～ 118°，北纬 26° 以南，大致在广西、广东、福建、贵州、云南、四川西南部、台湾、海南等地，该范围属于较理想的种植带。

坡度：余甘子对坡度要求不高，坡度最理想为 5° ～ 15°，台面宽的可种 2 行，每行宽 3 ～ 4 m，有利于余甘子水平根生长。坡度为 20° ～ 30° 的土壤较好的台地、丘陵山地，可沿等高线修筑梯田进行种植。若为陡坡及地形复杂、大块岩石裸露的地方，可采用挖外高内低的窝形鱼鳞坑种植。

坡向：余甘子是喜温的阳性果树，以南坡为宜，有利于余甘子萌芽、开花。

地形地势：余甘子多分布于海拔 300 m 以下的丘陵、河谷地，忌低洼地和排水不良的地方。

土壤：余甘子对土壤适应性较广，要求不高，宜选择红壤、黄壤，土层深，土壤较肥沃，水源良好的地方。

2. 园地开垦

在缓坡地建立余甘子园的，首先要平整土地，铲除园地上的杂草、灌木、树桩等，整平土堆，裁弯取直，使之成为规范化的果园。在山坡丘陵建园，可按等高线开环山行或梯田，坡度较陡、地形复杂的山地，可挖鱼鳞坑种植。

3. 栽植

种植密度：依据品种、土壤肥力、地形、地势、栽培管理技术等综合因素而定。在通风透气条件良好，但土壤较瘦瘠、肥水供应较差的山坡地，种植距离要适当密些，每亩种植 70～100 株；植株接近封行时，采用修剪技术控制临时树，让永久树生长，后期视生长情况进行间伐。在土壤肥力高、水利灌溉条件好，但通风气条件差的园地，种植距离要适当宽些，每亩种植 50～80 株，开张度大的品种距离要宽些。

挖定植穴：园地整治后，根据已确定的株行距挖定植穴。定植穴直径为 1 m，深 0.8 m。常在秋冬季挖定植穴，然后施足基肥并与土搅拌均匀，回土过冬后春植。

栽植时期：余甘子苗定植分为春植和秋植，春栽时间为 4 月左右，秋植在 10 月较适宜。

栽后管理：余甘子定植后要浇透定根水，注意保湿、除杂草，出现死苗要补种。

七、栽培管理

1. 土壤管理

灌水和排水：在干旱时期要灌溉，以保证植株健康生长、开花坐果和果实发育所需的水分。地势低、地下水位高或由于开垦原因雨季易局部积水的园地，要经常检查是否积水，有积水要及时排除。

深翻改土：每年在植穴（或树冠）外围深翻、压青，深翻、压青要有计划地进行。每次在植穴外或树冠叶幕下挖长 80～150 cm、深与宽各 40～50 cm 的施肥沟，每条沟压入绿肥或青草 50 kg、厩肥或土杂肥 10～20 kg、过磷酸钙

0.5～1 kg，再回填表土。

中耕除草：每年采果后进行深翻，把树冠下的杂草、树叶翻埋到土壤中，让其腐烂，以增加土壤肥力，减少病虫害，促进生长。

间作：幼龄果园前三年行间较宽，为了提高利用土地的效益，减少杂草生长和水土流失，种植后 2～3 年果园内可间种短期农作物，如蔬菜、花生、豆类、短期水果或绿肥等。但不宜间作高秆、消耗地力或攀缘性强的作物。

2. 施肥

（1）幼树施肥。

幼树施肥的目的在于促进植株的营养生长，迅速形成丰产树冠。在 3～8 月生长季节，应以薄肥多次追肥，并以速效性氮肥为主，如尿素，或配施适量的氮、磷、钾复合肥。新植幼树成活后及时施速效性薄肥，在春梢、夏梢、秋梢抽生前半个月施入，一般每株施尿素 0.1 kg。3 年生后每株增加肥料用量，配合适量磷、钾肥。始果后施肥要注意少氮增钾，以控制生长，促进结果。

（2）结果树施肥。

结果树以高产、稳产、优质、高效为目标。施肥原则为增钾少氮控磷。一般全年施肥 2～4 次。第一次为萌芽前的 2～3 月，以钾肥为主，配施氮肥，以满足余甘子春梢生长、开花与果实生长发育的养分需求，一般每株施硫酸钾 1.0 kg 加尿素 0.2 kg，或尿素 0.25 kg 加焦泥灰 15～20 kg，对小年树或基肥施足的树，此次追肥可以不施。第二次为壮果肥，在 5～7 月施，此时余甘子处于膨胀期，以速效性钾肥为主，补充果实生长发育的养分需求，提高果实品质，一般每株施硫酸钾 1.0 kg。第三次为采果后施肥，也称复壮肥，施肥使树势恢复，为翌年生产积累养分，施肥量一般为腐熟厩肥 15～25 kg 加硫酸钾 0.5～2 kg。施肥方法采用树冠投影处宽带状沟施，施后覆土，施肥处应每年轮换。

（3）施肥方法。

环状沟施：以幼树比较适宜，即以树干为中心，在树冠滴水线处挖 1 条环状沟，宽 30～40 cm，深 20～30 cm，将肥料施入环状沟内与土壤拌匀，施肥后回盖土。

条状沟施：以树干为中心，在树冠外围投影下偏外 15～20 cm 处，挖宽 30～40 cm、深 20～30 cm 的若干条状沟，把肥料放入条沟内与泥土拌匀后盖土，条沟随着树冠向外扩大而外移。

放射状沟施：常用于成年树，以树干为中心，与树冠切线垂直，沿树冠滴水线开始向内挖 4～6 条放射状条沟，长 40～60 cm，宽 30～40 cm，

深 20 ～ 30 cm，施肥后再盖土。

穴施法：以树干为中心，在树冠外围投影下挖深 20 ～ 30 cm、直径 30 ～ 40 cm 的若干个穴，施肥后覆土。此法多用于成年树施肥。

树盘内撒施法：在树冠投影面积下，耙开表土深 5 ～ 10 cm，把液肥或粉肥浇撒在树盘面上，待液肥稍干后覆土。

3. 树体管理

（1）整形修剪。

余甘子结果母枝的顶芽为单芽，侧芽为复芽，侧芽抽生的永久枝都是单枝，抽生脱落枝通常是 2 枝以上，成丛生状，永久枝和脱落枝都是左右平展排列。侧芽萌发力强，形成花芽容易且时间短，壮枝、结果枝多。在整形修剪时就要依据这种特性，结合扶、拉、吊等修剪技术，灵活运用修剪方法进行修剪。修剪时期因树龄、树势、地区而异，幼树多在生长时期，结果树、老树多在落叶期以后至萌动前进行，即在 12 月下旬至翌年 2 月上旬。

幼树修剪：幼树修剪应着重于整形，刚定植的幼树一年能抽 3 次梢以上，主枝或副主枝生长量都较大，若是主枝或副主枝梢抽过长，而无抽生侧生永久枝时，在枝长 20 ～ 25 cm 处的适当位置进行摘心或短剪，促进分枝；主枝或副主枝抽梢过多时，疏掉过密或不适合的枝条；若是枝条排布不适合，可用拉、吊等方法使之分布均匀。在生长时期要经常做此项工作。

结果树修剪：结果树修剪的目的主要是控制树冠向上向外推移，树高控制在 3 m 以下为宜，以形成立体结果，延长盛果期和寿命期。结果的余甘子树抽生永久枝一般长 12 ～ 25 cm 为长短适中，不必进行摘心和短剪；如果长超过 25 cm，则摘心或短剪。当主枝和副主枝生长量逐渐减少时，树冠内部的侧枝也开始出现衰老，就要进行修剪，除剪掉病虫枝、枯枝、纤细枝外，对结果母枝直径在 0.4 cm 以下的部分枝条进行短剪，以利于翌年春从剪口芽以下的侧芽抽出强壮的永久枝和数量多、质量好的结果枝。当树冠下部光透、枯枝多时，应当进行重回缩修剪，从 2 ～ 4 年生枝的适当部位剪掉，使其从剪口芽以下侧芽抽出 2 ～ 5 枝壮枝。

老树修剪：当树体衰老、产量明显下降、抽枝少而短、骨干枝和侧枝大量枯死、结果部位向上向外推移严重时，需要对老弱树采取更新和回缩修剪，尽量靠近主干、主枝修剪，避免过快向外延伸。树体更新可进行局部更新和一次更新。在更新或重回缩修剪之前应进行深耕，增施肥料，增强树势，这样才能从剪口芽以下抽出粗壮枝梢，否则仅抽细弱枝或少抽或不抽枝梢，甚至全株枯死。

（2）促花保果。

喷施叶面肥：幼树生长很快，第三年就可以形成一定的树冠，进入旺盛的营养生长期。如果余甘子花芽分化量少，可采取相应的促花措施，在花芽分化期用多效唑稀释液喷施树冠，以抑制旺长，促进花芽分化。花期、果期可喷施叶面肥，可起到保花保果的效果。

环割法：对于盛果却未结果的余甘子树，可以采取宽带环割的特殊处理技术，即在春季开花期间对主干或骨干枝进行环割树皮，有利于坐果，可显著地提高产量。

八、病虫害防治

余甘子抗病能力强，病害少，病害主要有炭疽病和煤烟病；虫害较多，主要有蚜虫、介壳虫、木蠹蛾、卷叶蛾等。

（1）炭疽病。①发病初期剪除病叶，绿地中枯枝败叶要及时烧掉，防止病菌蔓延、损失扩大。②搞好果园环境卫生。防除杂草，搞好修剪工作，防止果树太密，增加果园和树冠的通风透光度，创造不利于病菌滋生的环境。③采用科学的施肥配方和技术，施足腐熟有机肥，增施磷钾肥，提高田园植物的抗病性。④化学防治，在余甘子的春梢、夏梢、秋梢的嫩梢时期，根据物候期及天气情况及时喷药预防，选用1∶1∶100的波尔多液、50%多菌灵可湿粉剂300倍稀释液、2%农抗120（或65%代森锌、75%百菌清）500～600倍稀释液或70%甲基托布津可湿性粉剂（或75%代森锰锌可湿性粉剂）800～1000倍稀释液喷洒。

（2）煤烟病。①植株密度要合理，不能过密，合理修剪，保持良好的通风透光性。②及时防治能分泌蜜露的害虫，参照蚜虫、介壳虫的防治。③药剂防治，在发病期结合防治害虫的同时喷洒杀菌剂。

（3）蚜虫。可喷洒50%马拉硫磷乳剂2000倍稀释液或20%杀灭菊酯乳油4000～8000倍稀释液进行防治。目前已发现蚜虫天敌有瓢虫、食蚜蝇、寄生蜂、食蚜瘿蚊、蟹蛛、草蛉等，喷药时应注意保护。

（4）介壳虫。冬季果树休眠期至翌年果树发芽前用竹刷、草把、破布等工具抹杀密集在枝梢上的越冬介壳虫。在整形修剪时，剪除介壳虫寄生严重的枝条。生长期果园应避免使用残效期长的广谱性杀虫剂，以保护天敌。入冬果树休眠后至翌年春果树萌芽前，用5波美度的石硫合剂或5%～7%的柴油乳剂喷布虫口较多的果园，可达到全年控制虫口的目的。果树生长期在介壳虫的孵和幼龄若虫期喷药防治，一般于 5 月中下旬，喷洒 40% 杀扑磷 1000 ～ 1500 倍稀释液、25% 蚧死净 1500 倍稀释液或 25% 蚧螨灵 400 倍稀释液。

（5）木蠹蛾。冬季检查清除被害植株，并进行剥皮等处理，以消灭越冬幼虫。于成虫羽化初期，产卵前利用白涂剂涂刷树干，可防产卵，或产卵后使其干燥而不能孵化。幼虫孵化初期，可在树干上喷洒 80% 乐果乳剂 400 ～ 800 倍稀释液等。当幼虫蛀入木质部后，可根据排出的新鲜虫粪找出蛀道，再用废布等蘸取敌百虫原液或 50% 久效磷等塞入蛀道内，并以黄泥封口。

（6）卷叶蛾。少量发生时可人工摘除卷叶，将虫捏死。在幼虫发生期，可用 75% 辛硫磷 1000 倍稀释液（晚上使用为好）、90% 敌百虫原药 1000 倍稀释液喷杀。在成虫发生期，利用糖醋液进行诱杀，用糖 5 份、酒 5 份、水 80 份配成，然后将糖醋液装入瓶内，挂在果树周围即可诱杀成蛾。

九、采收、贮藏与加工

1. 采收

余甘子花期长达 1 个月，果实生长发育期长达 3 个月，由于地方品种繁殖，一年有单次开花和多次开花、一次结果与多次结果之分，因此果实成熟期不一致，可以分期分批采摘。

选择晴天采果，采收时应逐个采摘，轻采轻放，以减少对果实的损伤。

2. 贮藏

余甘子的贮藏保鲜主要有留树保鲜和塑料袋包装贮藏。

（1）留树保鲜。将余甘子果实留在树上，需要时再进行采摘，这样可以保持果实的新鲜度、风味口感。冬季有冻害的地区不适合留树保鲜。

（2）塑料袋包装贮藏。从树上采摘下来的鲜果，让其"发汗" 3 天左右，装进塑料袋，每袋装 0.5 kg 左右，然后放进箱内，在阴凉处存放，可以保存 30 ～ 50 天。

3. 加工

（1）余甘子果汁饮料。是一种风味独特、富含维生素 C 的营养饮料，加工工艺流程：余甘子鲜果→选果→洗果→脱核→压榨→澄清→过滤→储汁→杀菌→包装→原汁产品。余甘子果汁单宁含量较高，放置过程中易产生沉淀。余甘子果汁中天然维生素 C 含量虽然高，但若加工处理不当，易导致维生素 C 大量损失。

（2）酿制余甘子酒。余甘子皮、果肉中某些糖甙类物质（苦味物质）特别是单宁含量较高（16.7 g/100 g 干果），单宁不属于果实营养成分，具有收敛性的苦涩味，会影响酿制效果，但可以利用单宁易溶于水的特点进行脱苦。

酿制余甘子酒的工艺流程：余甘子鲜果→选果→清洗→去皮→热烫→去核→破碎→打浆→果胶酶及 SO$_2$ 处理→静置→粗滤→余甘子原汁→糖酸调配→主发酵→分离→后发酵→陈酿→调配→澄清、过滤→装瓶→杀菌→成品。

（3）余甘子果脯蜜饯。制作余甘子蜜饯的关键技术在于糖煮和浸渍。糖液渗入果实少，会引起果肉收缩，渗透过多过重，则影响口感，所以糖液应由稀逐渐到浓，通过糖煮和浸渍反复进行。

高糖余甘子果脯加工工艺流程：余甘子鲜果→拣选→脱皮→漂洗→第一次煮制与浸泡（40% 糖液）→第二次煮制与浸泡（68% 糖液）→烘干→包装→成品。

低糖多味余甘子果脯加工工艺流程：余甘子鲜果→拣选→盐渍（10% 盐水浸泡）→漂洗→晒干→糖煮与浸泡→烘干→包装→成品。

糖水余甘子制作工艺：糖水余甘子配方为水 74%、白糖 25.8%、柠檬酸 0.2%。工艺流程：余甘子鲜果→石灰水浸泡→漂洗→脱皮→糖煮、浸渍→装罐（26% 糖液）→排气→封口→杀菌→检验→贴标→成品。

（4）余甘子果粉。余甘子加工成果粉基本上保持鲜果的类 SOD 活性物质与 70% 以上的维生素 C 含量，便于运输保存，不但可以配制饮料，还可添加到各类食品、茶叶、糕点中，也可加工成颗粒剂、喉片。以余甘子果粉为主料配制成营养粉或疗效粉，尤其适于老年人长期食用，可清血热、降血压，防治肝胆疾病，充分发挥"久服轻身、延年益寿"的功效。

（5）果糖、果糕。工艺流程：余甘子鲜果→洗净→去核破碎→渗糖→浓缩→磨制→配料→均质→成型→烘烤→包装→成品。

（6）化妆品。LPO（脂质过氧化物）的增多是导致皮肤细胞衰老的主要原因。余甘子中稳定的类 SOD 活性的小分子物质经低温萃取浓缩得浅色提取物，再配制成各类护肤用品。充分利用类 SOD 活性的小分子物质的优异透皮性，发挥其滋润、保护皮肤的美容作用。